インプレス R&D [NextPublishing]

技術の泉 SERIES
E-Book / Print Book

0 から始める Netlify

ゼロ

豊富な機能を
徹底解説！

渡邊 達明
藤澤 伸
姫野 佑介 著

技術の泉
SERIES

目次

はじめに ……………………………………………………………………………………… 6

この本の対象読者・目的 ………………………………………………………………… 6

Netlifyってどんなサービス ……………………………………………………………… 6

どんな機能があるの？（機能一覧）……………………………………………………… 6

サポートについて ………………………………………………………………………… 7

ぜひ感想を聞かせて下さい！…………………………………………………………… 7

免責事項 …………………………………………………………………………………… 7

表記関係について ………………………………………………………………………… 7

底本について ……………………………………………………………………………… 7

第1章　登録方法や基本機能の紹介 …………………………………………………… 9

　1.1　まずは登録してみよう ………………………………………………………… 9

　1.2　さっそくサイトを公開してみよう …………………………………………… 10

　1.3　公開URLを変更する …………………………………………………………… 11

　1.4　GitHubと連携してみよう ……………………………………………………… 12

　　　1.4.1　SPAでHistoryAPI（pushState）を利用したサイトを公開する際の設定 …… 14

　1.5　Hostingの速度について ……………………………………………………… 15

第2章　ビルド周りの機能や設定 ……………………………………………………… 17

　2.1　ビルドって？ …………………………………………………………………… 17

　2.2　Gitでのブランチごとにサイトを作る ……………………………………… 17

　2.3　ビルド時にビルドコマンドを実行するディレクトリを変更する ………… 18

　2.4　ビルド時に変数を設定する …………………………………………………… 19

　2.5　Webhookでビルド＆デプロイさせる ………………………………………… 19

　2.6　ファイル配信時のNetlify側での前処理 …………………………………… 20

　　　2.6.1　スニペット挿入（Snippet injection）…………………………………… 20

　　　2.6.2　アセット最適化（Asset optimization）………………………………… 20

　2.7　デプロイが終わったらSlack等に通知を送る ……………………………… 21

　2.8　サイトをいったん前のバージョンに戻したい場合 ………………………… 21

第3章　独自ドメインを割り当ててみよう ……………………………………………… 24

3.1　Netlify Managed DNSとは ……………………………………………………… 24

3.2　ドメイン購入をNetlify上でやってみる ……………………………………… 24

3.3　外部のドメイン購入サービスで買ったドメインを当ててみる ……………… 26

3.4　SSL対応（HTTPS化）を行う …………………………………………………… 27

第4章　CMSをつくる ……………………………………………………………………… 29

4.1　NetlifyCMSとは ………………………………………………………………… 29

4.2　「deploy to Netlify」で素早く試す …………………………………………… 29

　　　4.2.1　ユーザーの作成 …………………………………………………………… 31

　　　4.2.2　管理画面の使い方 ………………………………………………………… 33

4.3　仕組みの全体像を知る …………………………………………………………… 34

4.4　スクラッチでの構築 ……………………………………………………………… 35

　　　4.4.1　必要ファイルの用意 ……………………………………………………… 35

　　　4.4.2　Netlify Identity Widgetの追加 ……………………………………… 36

　　　4.4.3　Identity・Git Gatewayの設定 ……………………………………… 38

　　　4.4.4　投稿データ→記事詳細HTMLの生成 ………………………………… 39

　　　4.4.5　投稿データ→トップページHTMLの生成 …………………………… 41

4.5　CMSをもっと便利にする ……………………………………………………… 41

　　　4.5.1　「下書き」機能 …………………………………………………………… 41

　　　4.5.2　投稿内容のカスタマイズ ……………………………………………… 42

　　　4.5.3　管理画面ユーザー数の拡張 …………………………………………… 43

第5章　フォームの設置方法 ……………………………………………………………… 44

5.1　基本的な設置方法 ………………………………………………………………… 44

5.2　フォームをカスタマイズ ………………………………………………………… 45

　　　5.2.1　フォーム投稿後の画面を設定 ………………………………………… 45

　　　5.2.2　ファイルアップロード機能を使ってみる …………………………… 46

　　　5.2.3　静的サイトジェネレータで利用する際の注意点 …………………… 46

　　　5.2.4　JavaScriptでの送信やSPAでも利用してみる …………………… 46

5.3　メールで問い合わせを受け取る ………………………………………………… 47

5.4　料金形態について ………………………………………………………………… 47

第6章　Split Testing ·· 50

6.1　利用手順 ··· 50
　　6.1.1　準備 ··· 50
　　6.1.2　有効化する ·· 50

6.2　機能 ··· 51
　　6.2.1　ふたつ以上のブランチをひとつのURLで配信 ························· 51
　　6.2.2　表示割合を調整可能 ·· 51

6.3　注意事項 ··· 51
　　6.3.1　複数のA/Bテストを複数同時に実行することはできない ············· 51
　　6.3.2　ユーザー情報の保存方法について ······································ 52

6.4　ブランチ名をスクリプト側で取得する ······································· 52

6.5　ブランチごとのデータをGoogle Analyticsに送信する ························· 52

第7章　Functions（AWS Lambda on Netlify） ································· 54

7.1　概要 ··· 54
　　7.1.1　言語について ··· 54

7.2　準備 ··· 55

7.3　まずは、Hello World ··· 55
　　7.3.1　命名規則について ··· 55
　　7.3.2　ハンドラー関数の引数について ·· 56

7.4　使用例 ··· 56
　　7.4.1　NGワード検出APIを作る ·· 56
　　7.4.2　パスを切ってFunctionsを実行し、動的コンテンツを配信する ·········· 58

7.5　netlify-lambdaを活用する ··· 59
　　7.5.1　netlify-lambdaでfunctionsのビルド ···································· 59
　　7.5.2　ローカルでの動作確認 ··· 61
　　7.5.3　npmモジュールを利用する ··· 61
　　7.5.4　TypeScriptを使う ··· 61

第8章　Prerendering機能を試す ··· 64

8.1　設定方法 ··· 64

8.2　仕組み ··· 65

8.3　注意事項 ··· 65
　　8.3.1　Prerenderingの更新タイミングを設定できない ························ 65
　　8.3.2　設定を完全に終わらせてから有効にするべき ··························· 66

8.4　Prerenderingされていない時は ··· 66

8.5　別のPrerenderingサービスを利用したい ····································· 66

第9章　チーム機能や有料プランでできること ……………………………… 68

9.1　チームのユーザー毎に役割を設定する ………………………………… 68

9.2　特定のユーザーのみにアクセスを許可する …………………………… 68

    9.2.1　サイトにパスワードを設定する ………………………………………… 68

    9.2.2　サイトにBASIC認証を追加する ……………………………………… 69

    9.2.3　JSON Webトークンを用いてアクセス制限をする ……………………… 69

9.3　有料プランになるとできること ………………………………………… 70

あとがき ……………………………………………………………………………… 71

サポート・正誤表 …………………………………………………………………… 71

目次　5

はじめに

このたびは**ゼロから始めるNetlify**を手にとっていただきありがとうございます。本書はNetlify
というサービスの概要から実例までを、1冊でまるっと学べる本となっています。

この本の対象読者・目的

本書では主に次のような方をターゲットとしています。
・普段Webサイトを運用していて、もっと楽にできる方法を探している人
・いつもFTPソフトでいちいちレンタルサーバーにアップロードして消耗している人
・AWS S3やGitHub Pagesをいつも使ってるけど今ひとつかゆいところがある人
・Netlifyを使ったことはあるけど、機能が多くて何ができるのか分かってない人
・Netlifyの便利そうな機能を実際どう使うか、サンプルが見たい人
このような方が本書を手に取ることで、Netlifyを利用し日々の開発と運用が楽になることを目的
としています。

Netlifyってどんなサービス

NetlifyはPHPなどを利用しないHTMLなどの**静的コンテンツ**のみで構成されたWebサイトを閲
覧できる形で運用・配信するWebサービスです。

静的コンテンツ（.html/.css/.jsなどのファイルコンテンツ）のみのサイトを**静的サイト**、ウェブ
サイトやサイトに必要なファイルなどを運用・配信することを**ホスティング**と呼びます。

NetlifyではGitHubなどで管理しているリポジトリーから自動的にデプロイが可能な他、フォー
ムやCI機能など静的サイトを運用する上で便利な機能が豊富に揃っています。

どんな機能があるの？（機能一覧）

2019年6月時点で、Netlifyには次の機能が備わっています。本書ではそれぞれの機能すべてについ
て、どのように利用するかを解説します。
・静的サイトホスティング
・ビルド機能
・独自ドメイン設定
・CMS機能
・フォーム設置
・Functions
・A/Bテスト
・Prerendering
・チーム機能
Netlifyはものすごいスピードで新しい機能を開発しているので、今後もサイト運用する上で便利

な機能が加わっていくことでしょう。

サポートについて

本書の正誤表などの情報は、次のURLで公開しています。
https://github.com/shimesabuzz/netlifybook-support

ぜひ感想を聞かせて下さい！

巻末に記載してある著者のTwitterへリプライを送っていただいたり、ハッシュタグ**#ゼロから始めるNetlify**をつけて感想をつぶやいていただけると、次回への励みになります。

免責事項

本書に記載された内容は、情報の提供のみを目的としています。したがって、本書を用いた開発、製作、運用は、必ずご自身の責任と判断によって行ってください。これらの情報による開発、製作、運用の結果について、著者はいかなる責任も負いません。

表記関係について

本書に記載されている会社名、製品名などは、一般に各社の登録商標または商標、商品名です。会社名、製品名については、本文中では©、®、™マークなどは表示していません。

底本について

本書籍は、技術系同人誌即売会「技術書典5」で頒布されたものを底本としています。

第1章　登録方法や基本機能の紹介

まずはNetlifyに登録して静的サイトを公開するとともに、便利な機能を試していきましょう。
すでに登録して基本的な機能を試したことがある方は、この章は読み飛ばして頂いて構いません。

1.1　まずは登録してみよう

次のサイトにアクセスし、登録から進めます。
https://www.netlify.com/

図.1: NetlifyのTOP画面。左のボタンから登録しよう

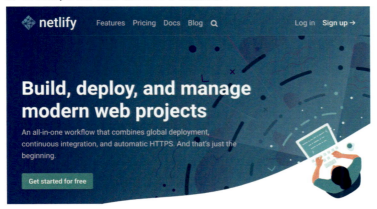

Netlifyは、現在次のソースコード管理サービスと連携して利用できます。
・GitHub
・GitLab
・Bitbucket

普段使っているサービスのアカウントがある場合は、そのアカウントでログインするとスムーズにサイトを公開することができます。使っていない場合はEmailでもアカウント作成を行うことができ、あとからでもこれらのサービスと紐づけてサイトを管理することも可能です。

図 1.2: 他サービス連携完了・もしくは Email 確認後のログイン時の画面

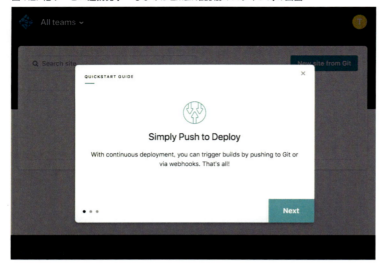

登録が完了すると、簡単にサイトが公開できることやワンクリックでHTTPS化できるという説明が始まりますので、Nextを押して進みましょう。

図 1.3: 何もサイトが登録されていない状態の管理画面

まだなにもサイトが登録されていない状態です。まず試しにテスト用のHTMLを作って公開してみましょう。

1.2 さっそくサイトを公開してみよう

お使いのエディター（Windowsの方はメモ帳などで結構です）で「Netlifyテスト」とだけ書いた**index.html**というファイルを新規に作成してみてください。そのファイルをtestというフォルダーに格納し、そのフォルダーをさきほどの管理画面にドラッグアンドドロップしてみましょう。

アップロードが終わり、画面が切り替わりましたでしょうか。

図1.4: testをアップロードしたサイトの管理画面

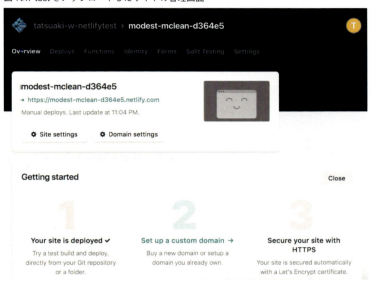

なんと、これだけでWebサイトが公開できています。

試しに中央辺りにあるURLが赤から緑に変わったのを確認したら、クリックしてサイトを開いてみましょう。「Netlifyテスト」とブラウザーに表示されましたでしょうか？

おめでとうございます。なんとこれだけの手順でWebサイトを公開することができました。今までレンタルサーバーにFTPソフトでアップロードしていた方は、色々設定が省けて便利だと思っていただけたのではないでしょうか。

ここからは、管理画面での基本的な設定の変更を進めてみましょう。

1.3 公開URLを変更する

Netlifyでは何も設定せずにサイト公開を行うと、自動で単語やランダム文字列を組み合わせたURLが発行されます。先ほどのサンプルの場合は「modest-mclean-d364e5」がそれにあたります。

管理画面上もこれではなんのサイトかわからないので、名前を変更してみます。緑のURLの下にある「Site Settings」ボタンもしくは上部のSettingsタブをクリックして設定画面に移りましょう。

図 1.5: 設定画面

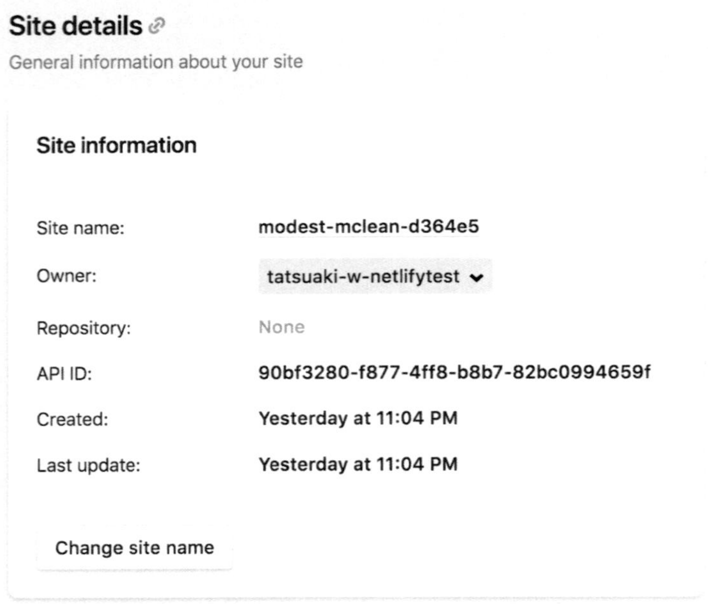

Site details 🔗

General information about your site

Site information

Site name:	modest-mclean-d364e5
Owner:	tatsuaki-w-netlifytest ⌄
Repository:	None
API ID:	90bf3280-f877-4ff8-b8b7-82bc0994659f
Created:	Yesterday at 11:04 PM
Last update:	Yesterday at 11:04 PM

Change site name

　ここで「Change site name」をタップし、新しいIDを設定してみてください。ここで指定するID は、ID.netlify.com というサブドメインとなるため、全ユーザーで固有のものを指定する必要があり ます。

　設定が完了したら、Overviewに戻って新しいURLをクリックしてみましょう。**指定した ID.netlify.com** というサイトに変更されていたら完了です。

1.4　GitHubと連携してみよう

　さきほどのテストサイトの管理画面から、左上のロゴをクリックして管理画面のTOPへ移動しま しょう。「New site from Git」ボタンを押して、リポジトリー管理サービスと紐づけてサイトを公 開します。

　ここではGitHubで連携を行いますが、この章での進め方はGitLabでもBitbucketでも概ね変わり ません。また、GitHub Enterpriseでは検証を行っておりませんのでご了承ください。

　GitHubボタンを押して、リポジトリーの読み取り権限をNetlifyに許可しましょう。また、「Limit GitHub access to public repositories.」をチェックしておくと、Netlifyがパブリックリポジトリー にしかアクセス出来ないようにも設定できます。

　認証が終わると、自分の管理しているリポジトリーの一覧が表示されます。右の検索窓からリポ ジトリーを検索することもできます。

図1.6: リポジトリ一覧

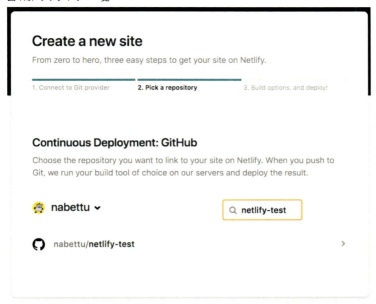

ここから自分が公開したいサイトのリポジトリーを選んでください。

今回は静的サイトジェネレータのGatsbyを試しに使ってみます。リポジトリーにGatsbyのテンプレートをあらかじめpushしておきます。

> Gatsby
> https://www.gatsbyjs.org
> React.jsで出来た静的サイトジェネレーター

リポジトリーを選択後、リポジトリーが空でなければどのブランチを公開するか、どのフォルダー（ディレクトリー）を公開設定にするか、またビルドコマンドは何を使うかを選択できます。ビルドについては次の章で解説します。

第1章　登録方法や基本機能の紹介　13

図 1.7: 新しく作るサイトの初期設定

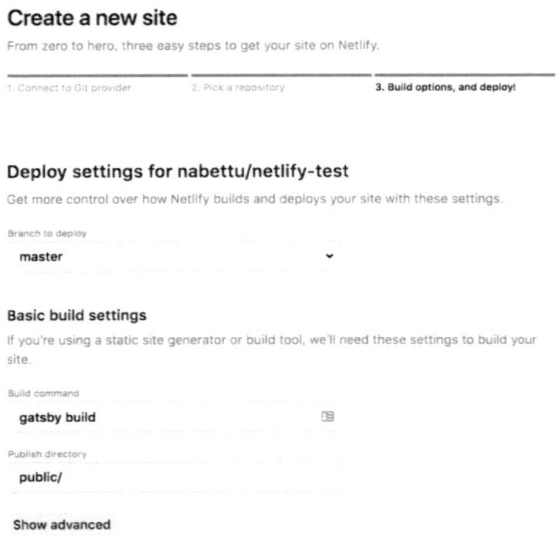

ここでの設定は、基本的にリポジトリー内の設定ファイルから自動取得されます。package.json
のscriptにbuildコマンドがあれば、そこから自動的に取得して設定します。テンプレートなどを利
用する際には、なにも設定をしなくても進めるだけでOKです。

「Deploy site」を押下してサイトを公開しましょう。サイト名を変更したければさきほどと同じ手
順で変更が可能です。

1.4.1 SPAでHistoryAPI（pushState）を利用したサイトを公開する際の設定

React.jsやVue.jsなどのSPA（シングルページアプリケーション）ライブラリーを利用して複
数ページあるサイトを公開し、ルーティングにHistoryAPI（pushState）を利用している際、トッ
プページ以外に遷移後に再読込をすると404エラーとなってしまう場合があります。

これは通常のサイトのページ遷移と違い、SPAライブラリーが遷移時にサーバーのファイルを読み込
まずにJavaScriptを使ってページの内容を更新しているためです。ブラウザーのURLはHistoryAPI
を利用しているため切り替わってはいますが、トップ以外のページにhtmlファイルが無いため再読
込で404エラーとなります。（パスが#から始まるハッシュルーターを利用している場合は問題あり
ません。）

この問題は、ファイルが見つからなかった場合でもルートに配置してあるindex.htmlを読み込む
ように設定すれば解消されます。

そのためにnetlify.tomlという設定ファイルをリポジトリールートに配置します。こちらは
Netlifyでホスティングを行う際にリダイレクトなどの設定をまとめておくための設定ファイルです。
次の記述を追加しておきましょう。

netlify.toml

```
[[redirects]]
  from = "/*"
  to = "/index.html"
  status = 200
```

また、こちらの設定は/.netlify/_redirectsにリダイレクト設定を記載する方法もあります。記述が多くなりファイルを分割したい場合などにはそちらも利用できます。

1.5　Hostingの速度について

この章で、無事サイトを公開できたかと思います。ここで気になるのが、「他のホスティングサービスと比べて速度はどうなの？」というところです。

表示スピードに関しては、SEO対策としても近年取り上げられるようになってきたため、とても気になるところです。今回は、次の4つのホスティング方法で同じソースをデプロイし、Chrome DevToolsの「Network」タブでindex.htmlを転送する速度を調べてみました。

・AWS（S3+CloudFront）
・Firebase Hosting
・GitHub Pages
・Netlify

※AWSは、ほかサイトと同等程度にするため、HTTP/2通信とgzip圧縮によるキャッシュ配信に対応させて計測しています。

結果は図のようになりました。今回試した4つのホスティング方法では、どれも数msほどの差異です。サイトアクセス時に「読み込みが遅いな」という原因として挙げることはすくないと考えてよいでしょう。

図1.8: index.htmlのレスポンス速度表

種類	AWS（S3+CloudFront）	Firebase Hosting	GitHub Pages	Netlify
Resource Scheduling				
Queueing	3.01ms	3.07ms	2.74ms	
Connection Start				
Stalled	2.94ms	2.23ms	4.14ms	3.46ms
Request / Response				
Request sent	0.40ms	0.33ms	0.29ms	0.14ms
Waiting（TTFB）	563.05ms	569.74ms	570.81ms	568.68ms
Connect Download	49.22ms	48.22ms	47.68ms	47.74ms
Total	618.62ms	623.59ms	625.66ms	625.58ms

これでGitHubと連携してのサイト公開や各種設定ができました、次の章ではビルド周りの設定や便利な機能について解説します。

第2章 ビルド周りの機能や設定

2.1 ビルドって？

前の章では、GitHubと連携してサイトをビルドして公開しました。この章では、ビルド周りの設定について解説します。

ここでいうビルドは、静的サイトとしてサイトを公開する前に、コンテンツやテンプレートなどのデータを元にして、公開用のHTMLなどのファイルを生成することです。

前章ではGatsbyという静的サイトジェネレータを利用例として紹介しましたが、テンプレートを入れただけではリポジトリーには公開するためのファイルが含まれていません。Netlifyではデプロイする前にビルドを実行し、公開用のフォルダーに必要なファイルを生成・展開してからデプロイしています。

ビルドを行う環境はNetlifyが用意しています。今までCircle CIなどを利用する際には、ビルドコマンドやビルドに利用するイメージを設定ファイルに記述する必要がありました。Netlifyでは再現性のある環境でビルドを行うために、決まったイメージを利用しています。ここでのイメージとは、Dockerを利用した仮想環境で利用するファイルシステムです。

> Netlifyがビルド時に利用しているイメージ
>
> https://github.com/netlify/build-image

ビルドを含めた公開までのステップは次のようになります。
1. GitHubのコードが更新される
2. 更新を検知してNetlifyがビルド用のイメージを展開
3. イメージ上にGitHubのコードをcloneする
4. ビルドコマンドを実行して公開ディレクトリーを構成
5. 公開ディレクトリの内容をホスティング環境に反映

このときpackage.jsonがあれば、ビルド前にあらかじめnpm install（Yarnがあればyarn）を行います。基本的にはnpm buildで公開用のファイルが生成されるようにすれば、問題ありません。

2.2 Gitでのブランチごとにサイトを作る

初期設定では、公開設定をしたブランチとそのブランチにプルリクエストを行った際のプレビューサイトが作られます。プルリクエストでの確認用のサイトが作られるため、実際の動くサイトで確認しながらレビューするなどの手順を簡単に踏むことができます。

さらにNetlifyでは、連携したリポジトリーでブランチを作ると自動的にブランチ毎の公開サイトを作る設定が可能です。実際のサイトでテストしてみたい機能の共有なども簡単ですので、早速試してみましょう。

第2章 ビルド周りの機能や設定 | 17

「Setting」→「Build & deploy」→「Deploy contexts」へ進み、左下の「Edit Settings」を押下すると次のような項目が表示されます。

図2.1: デプロイ設定

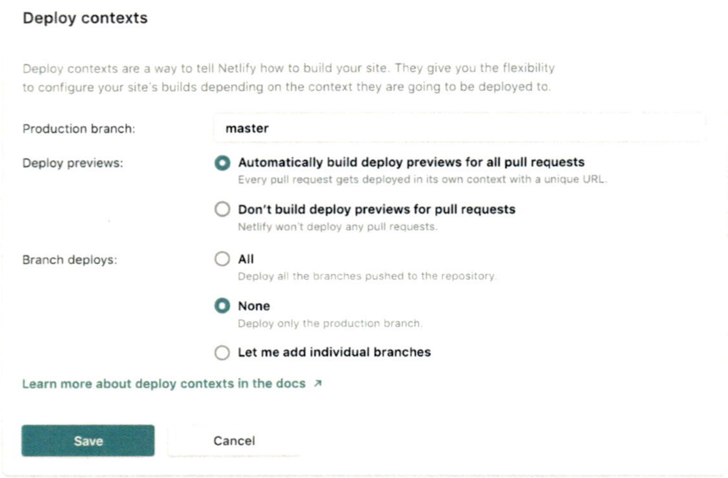

ここでBranch deploysの「All（Deploy all branches pushed to the repository.）」を選択するだけで、すべてのブランチの公開サイトがデプロイされるようになります。また、「Let me add individual branches」を選択すると、選択したブランチのみサイトが作られます。「masterとpreviewとtestブランチのみで表示したい」などの設定も選択可能です。

設定を変更したら早速ブランチを作ってGitHubへpushしてみてください。上部メニューの「Deploys」をクリックすると今までのデプロイの履歴が閲覧できます。pushできていればそこにBranch Deployという項目が追加されています。その項目をクリックし「Preview deploy」をクリックすればプレビューサイトが表示されます。

また、その画面にある「Publish deploy」をクリックすると、元サイト（ID.netlify.comや独自ドメインを設定していたらそのドメインで公開されるサイト）へ強制的に適用することもできます。バグが見つかってhotfixなブランチを確認後にいったん先に本番サイトに適用しておきたい場合などに便利です。

2.3　ビルド時にビルドコマンドを実行するディレクトリを変更する

「Setting」内メニューの「Build & deploy」からビルド時の設定を編集できます。

図2.2: ビルド設定

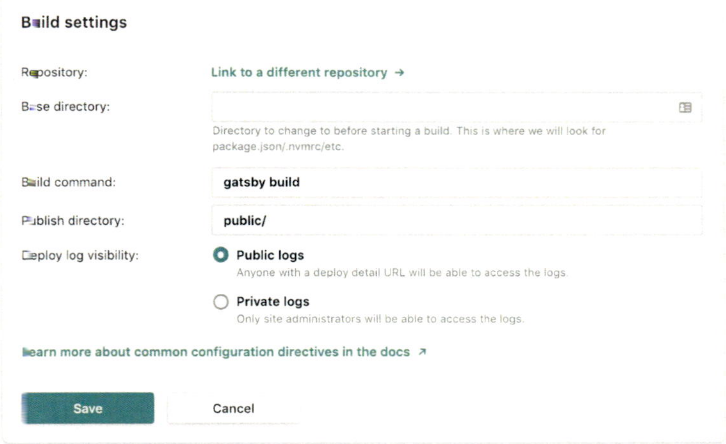

後からビルドコマンドを変更したくなったり、公開するディレクトリ名が変更になった場合はこちらから設定を変更してください。

サイト追加時にはなかったBase directoryという設定は、リポジトリーのルート以外の場所でビルドコマンドを実行させたい場合にディレクトリを指定できます。所謂monorepoで開発を進めている場合などに便利な機能です。

2.4 ビルド時に変数を設定する

リポジトリーで管理しているデータに含めたくないAPIキー等がある場合は、Netlifyの管理画面から変数としてビルド時に読み込ませておくことが可能です。

ビルドの部分で説明しましたが、Netlifyではビルド時に利用しているイメージが決まっています。そのため、Hugoなどはローカルで使っているバージョンとNetlify上でのビルド時のバージョンをあわせる必要があります。この場合はHUGO_VERSIONとして変数を入力してバージョンを合わせる必要があります。

設定画面から「Build environment variables」で呼び出す変数名と値を入力しましょう。

2.5 Webhookでビルド＆デプロイさせる

静的サイトを作る上で、ContentfulなどのヘッドレスCMSで別途コンテンツ管理を行っている場合があると思います。また最近ではWordPressをヘッドレスCMS化してNetlifyでサイトを運用する例も増えてきているようです。

そういった外部でコンテンツ管理をしていた場合に、任意のタイミングでビルド＆デプロイを実行したい場面が出てくると思います。その際に「Build hooks」を設定しておくと、自動でビルドを行えます。

設定画面の「Build hooks」で「Add Build」を選択するとそのHookの名前を設定できます。たとえば「Contentfulでの記事の公開時」としてビルドしたいブランチを設定しておきます。

第2章 ビルド周りの機能や設定　19

図 2.3: Hooks の設定時の画面

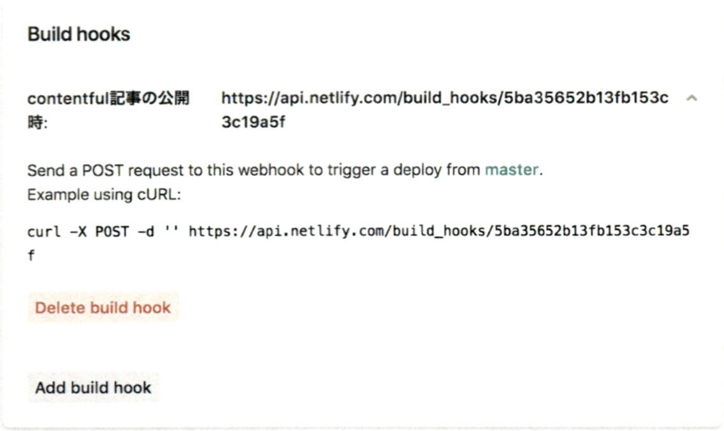

Build hooks

contentful記事の公開   https://api.netlify.com/build_hooks/5ba35652b13fb153c
時: 3c19a5f

Send a POST request to this webhook to trigger a deploy from master.
Example using cURL:

```
curl -X POST -d '' https://api.netlify.com/build_hooks/5ba35652b13fb153c3c19a5
f
```

Delete build hook

Add build hook

ここで表示される URL は hooks の API のエンドポイントとなります。コンソールですぐテストできるサンプルも表示されているので、試してみましょう。

無事にビルドが始まったら今度はそれをコンテンツ管理側で設定します。WordPress の場合は、HookPress などで記事公開時などのタイミングで Webhook を POST で実行する用に設定しましょう。

2.6 ファイル配信時の Netlify 側での前処理

設定画面の「Post processing」では Netlify 側での前処理の設定が可能です。

2.6.1 スニペット挿入（Snippet injection）

コードを編集しなくても、Netlify の管理画面だけで全ページにまとめてスニペットの挿入ができます。挿入する場所も head の最後か body の最後に挿入するかを選択できます。

たとえば Google Analytics などのコードを追加したり、「閲覧ブラウザーが IE だったら Google Chrome の利用を勧める IE BUSTER」を追加することもできます。

> IE BUSTER
>
> https://ie-buster.qranoko.jp/

2.6.2 アセット最適化（Asset optimization）

HTML などのファイルをまとめて最適化します。それぞれ次のような機能となっており、初期設定では OFF になっているのでプロジェクトに合わせて設定しましょう。

・Pretty URLs：/about/index.html を /about/ に縮めるなど、URL を書き換え
・Minify CSS/JS：表示に必要のない改行やスペースを削除してファイルを軽量化
・Bundle CSS/JS：連続する CSS/JS ファイルを連結してサイト読み込みを早める
・Compress Images：画像ファイルを非劣化圧縮して軽量化
Prerendering については、利用する際に管理画面だけでなく実装でもひと手間なため別な章で実

例とともに紹介します。

2.7 デプロイが終わったらSlack等に通知を送る

「Deploy notifications」では、デプロイ時にSlackなどに通知を行うことができます。初期設定では、GitHubで連携したリポジトリーでプルリクエストが発行された際に、そのブランチが無事にデプコイできたかどうかをGitHub上に表示するようになっています。

ここでは、ビルド失敗時にSlackに通知する機能を設定してみましょう。まずはSlackでIncoming WebHooksを連携し、通知したいチャンネルへの通知するためのWebhook URLを発行してください。

Netlifyの管理画面のSettings上の「Outgoing notifications」の「Add notification」をクリックし、「Slack integration」を選択します。表示されるモーダルでイベントを選択してから発行したWebhook URLを入力しましょう。

図2.4: Slackへの通知設定

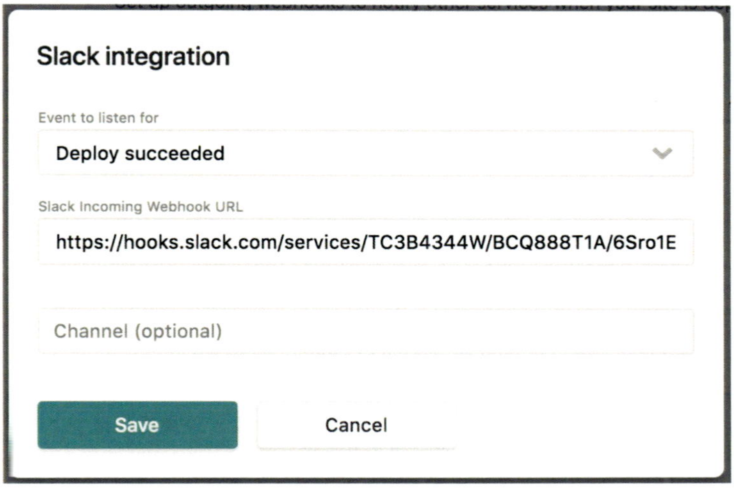

他にもメールで通知やGitHubのプルリクエスト自体にコメントを行ったりもできますので、プロジェクトに応じて使い分けてみましょう。

2.8 サイトをいったん前のバージョンに戻したい場合

「公開したけど悲しいことにバグがあった！前のビルドにすぐ戻したい！」という場面、普段制作を行っている方なら安易に想像できると思います。安心してください。Netlifyならロールバックも簡単にできます。次の手順を進めてください。

そのサイトの管理画面のページを開いた後に、Deploysタブを開きます。

第2章　ビルド周りの機能や設定 | 21

図2.5: Deploysタブを開いた状態

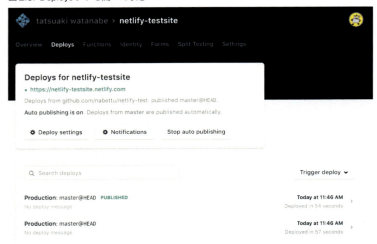

こちらでは過去のデプロイのログが表示されています。GitHubリポジトリーのcommitと連携して、サイトがデプロイされた記録が残っています。その中で**「PUBLISHED」**がついたバージョンが現在サイトに表示されているバージョンです。

戻したいバージョンを選択してクリックしてください。するとそのDeployのビルドログが閲覧できます。そのまま「Publish deploy」を押すと出てくるモーダル上の「Publish」ボタンを押すと公開されているサイトがそのバージョンに切り替わります。

図2.6: 再度Publish

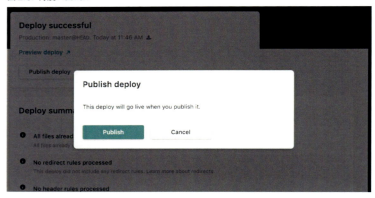

こちらは以前のビルドのデータをNetlifyが保持してくれているので、再度ビルドを走らせずに瞬時に戻すことが可能です。これでバグの無かったバージョンを公開してから、安心してデバッグしていきましょう。

また注意点として、連携リポジトリーにまた新しくpushすると最新のコードが自動で公開されます。もし確認してからデプロイしたい場合はDeployタブを開いた際の「Stop auto publishing」を押して自動公開を止めておきましょう。

ビルド周りの機能や設定の説明は以上です。細かいながらも便利な機能が備わっていることが分

かっていただけたと思います。

第3章　独自ドメインを割り当ててみよう

　本格的にNetlifyでWebサービスやメディアを運用するときには、独自ドメインをNetlifyのサイトに割り当てる必要があります。独自ドメインを割り当てる機能についても無料です。

　この章では、

・Netlifyサービス内でドメインを購入できる機能を利用する

・外部で購入したドメインを割り当てる

というふたつのパターンをそれぞれ利用して解説していきます。

　また、最近Netlifyに追加されたManaged DNSについて簡単に説明します（2018年9月時点でまだβ版）。

3.1　Netlify Managed DNSとは

　以前はドメイン取得サービスのネームサーバーをCNAMEでNetlifyを指定することしかできませんでした。Netlify Managed DNSの登場でNetlify側でネームサーバーの設定を行うことができるようになりました。

　DNSサーバーをNetlifyに任せることで、CDNの設定もNetlifyが自動で行うため、特に設定をしなくともNetlifyのCDNを利用してコンテンツを配信するサイトが構築できます。NetlifyのCDNは、日本リージョンも設置してあります。

　以上のことから、Managed DNSができる以前からNetlifyを利用していた方も、CNAMEで設定していた場合はDNSごと切り替えることをオススメします。メールサーバーの都合等があっても、Netlify側でDNS設定を行えば今までの環境で利用することもできますので、ぜひご検討ください。

　Managed DNSの登場時からNetlify上でドメインの購入も行えるようになりましたので早速使ってみましょう。

3.2　ドメイン購入をNetlify上でやってみる

　ドメインを指定したいサイト管理画面の「Setting」から「Domain Management」を選択します。「Add custom domain」を押してドメインの追加画面に移行します。

　ここに購入したいドメイン名を入力します。（すでに誰かが取得済みの場合は「already has an owner. Is it you?」と、あなたのドメインですか？と確認がでます。）

図3.1: ドメイン購入

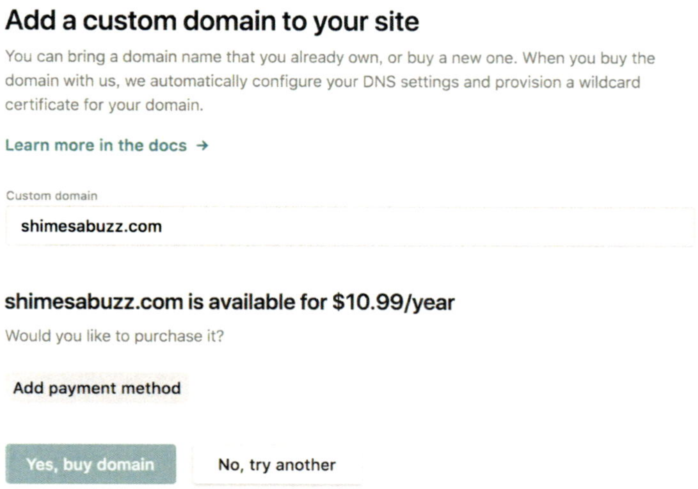

Add a custom domain to your site

You can bring a domain name that you already own, or buy a new one. When you buy the domain with us, we automatically configure your DNS settings and provision a wildcard certificate for your domain.

Learn more in the docs →

Custom domain

shimesabuzz.com

shimesabuzz.com is available for $10.99/year

Would you like to purchase it?

Add payment method

Yes, buy domain   No, try another

　取得できるドメインの場合は料金が表示されます。「Add payment method」でクレジットカードを設定して「Buy Domain」を押せばそのままドメインを購入して自動でDNSの設定を行ってくれます。

　無事にドメインが購入できて、Netlify DNSの設定が完了した状態で管理画面を見ると「Netlify DNS」と表示されます。これで独自ドメインの適用は完了です。また、独自ドメインを適用すると管理画面でのサイトの名称も独自ドメインで統一されます。

図3.2: ドメイン適用後の画面

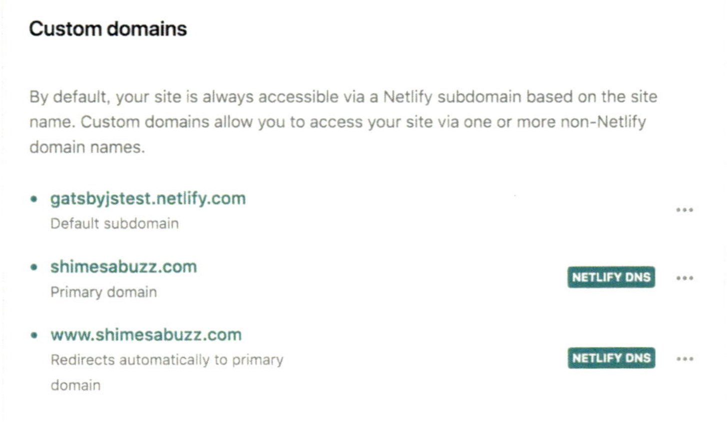

Custom domains

By default, your site is always accessible via a Netlify subdomain based on the site name. Custom domains allow you to access your site via one or more non-Netlify domain names.

- gatsbyjstest.netlify.com
  Default subdomain

- shimesabuzz.com
  Primary domain   NETLIFY DNS ...

- www.shimesabuzz.com
  Redirects automatically to primary   NETLIFY DNS ...
  domain

　以上でNetlify上でのドメイン購入は完了です、次はより利用頻度の高い「外部のドメイン購入サービスで購入したドメイン」を適用する手順です。

3.3 外部のドメイン購入サービスで買ったドメインを当ててみる

すでに運用しているサービスなどを移行したい場合や、Netlifyが対応していないドメインなど（jpドメインやcoドメイン等）を利用したい場合があります。ここでは、独自ドメイン取得サービスを利用して購入したドメインを、Netlifyでホスティングしているサイトに割り当てるという流れで進めます。ドメイン取得サービスによって購入・取得までの流れは違うため、ここでは事前にドメインを取得し、DNSなどの設定を行う状態から始めるものとします。

ドメイン購入時と同じように、ドメイン取得後に対象サイトのNetlifyの管理画面の「Domain Management」の「Add custom domain」を選択します。その後、購入済のドメイン名を入力します。

図3.3: jpドメイン適用の場合

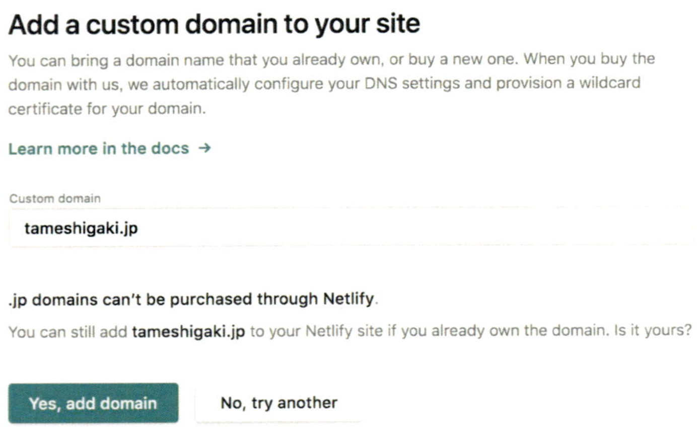

Add a custom domain to your site

You can bring a domain name that you already own, or buy a new one. When you buy the domain with us, we automatically configure your DNS settings and provision a wildcard certificate for your domain.

Learn more in the docs →

Custom domain

tameshigaki.jp

.jp domains can't be purchased through Netlify.
You can still add **tameshigaki.jp** to your Netlify site if you already own the domain. Is it yours?

[Yes, add domain]　[No, try another]

jpドメインなどの場合は「.jp domains can't be purchased through Netlify.」と表示されます。これは「Netlify上で購入出来ないドメインです」という意味なので問題ありません。適用後にDNS Panelに遷移します。ここでNetlify DNSの設定を行うことができます。

ここでNameserversの設定にあるこちらのアドレスを、ドメイン購入サービスの管理画面に適用していきましょう。

図3.4: ネームサーバーのアドレス

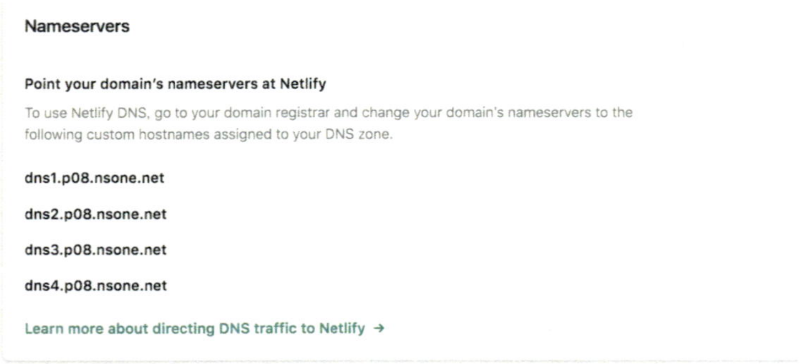

Nameservers

Point your domain's nameservers at Netlify

To use Netlify DNS, go to your domain registrar and change your domain's nameservers to the following custom hostnames assigned to your DNS zone.

dns1.p08.nsone.net

dns2.p08.nsone.net

dns3.p08.nsone.net

dns4.p08.nsone.net

Learn more about directing DNS traffic to Netlify →

例としてムームードメインで「GMOペパボ以外のネームサーバを使用する」を選択して、ネームサーバーのアドレスを入力した場合のサンプルを掲載します。

図3.5: ドメイン購入サービスでの設定画面（ムームードメイン）

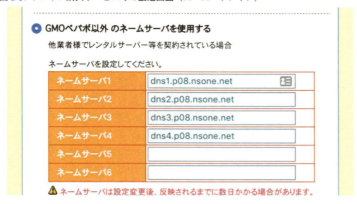

ここで適用が完了した後、Netlify上で購入した場合と同じように画面に「Netlify DNS」が表示されたら無事に設定が完了です。

3.4 SSL対応（HTTPS化）を行う

NetlifyではSSL化も「Let's Encrypt」を利用して簡単に適用できます。しかも、独自ドメインを適用したら自動でSSL証明書を取得して適用してくれます（前はワンクリックで設定できましたが、今は自動で取得になってさらに書くことがなくなってしまいました……）。

図3.6: SSL設定画面

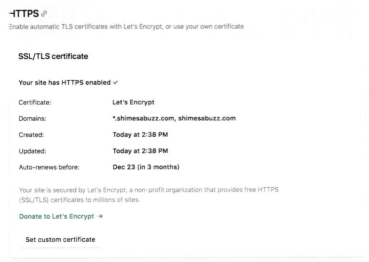

もちろんすでに証明書を自分で取得してある場合は「Set custom certificate」から証明書のインストールも可能になっております。

第3章　独自ドメインを割り当ててみよう　│　27

以上で独自ドメイン設定の章は終わります。Managed DNSが登場でまたさらに便利になった
Netlifyのさらに奥に進んでみましょう。

第4章 CMSをつくる

　前述のとおり、Netlify は基本的に静的コンテンツをホスティングするための Web サービスです。ただ、Netlify が提供している豊富な機能を用いることで、コードの変更なくサイトを更新する・ユーザーから情報をフォームで受け取る、といった**動的サイトでしか実現できなかったような機能も実現可能**になっています。

　本章ではそんな、Netlify を使った動的な機能の中でも代表的な NetlifyCMS について解説します。また NetlifyCMS を利用する上で欠かせない、Identity 機能についても紹介します。

4.1　NetlifyCMSとは

　・https://www.netlifycms.org/

　NetlifyCMS は文字どおり、Netlify を用いて CMS（Content Management System）を構築するためのライブラリー群です。この仕組みを導入することで、管理画面からコンテンツを入稿するだけで更新できる、ブログやニュースサイトのようなサイトも手軽に構築することができます。もちろん、サーバーとして使うサービスは Netlify だけで、別のレンタルサーバーを借りたり、面倒なセットアップ作業を行う必要もありません。

　他の CMS フレームワークを使ったことのある方は、「データベースもなしに、静的サイトだけでどうやって CMS を実現しているんだ？」と疑問に思うかもしれません。実際、WordPress のような多くの CMS では、記事データはデータベース上で管理・サーバーサイドプログラムがそのデータを読み出して HTML として返す、という形になっています。

　対して、NetlifyCMS にはデータベースはありませんが、代わりに GitHub リポジトリー上に命名規則をつけてコミットされたファイルを使って、記事データの管理を実現しています。ここまでの章で解説したとおり、Netlify はリポジトリーに新しいコミットがあったタイミングでビルドを行い、新たなファイルを生成することができます。記事データのファイルが追加・更新されたタイミングでビルドを行い、ユーザーに返すための HTML を生成することで、同様の機能を実現しているわけです。

4.2　「deploy to Netlify」で素早く試す

　言葉で説明してもなかなかピンとこないかもしれませんので、まずはともかく NetlifyCMS を体験してみましょう。NetlifyCMS をもっとも簡単に試す方法は、公式が用意しているテンプレートを利用することです。

　・https://www.netlifycms.org/docs/start-with-a-template

　まずはこちらのページのテンプレートの中から、好きなものをひとつ選んでみてください。実は

NetlifyCMS自体が提供している機能の中核は、管理画面側の実装です。ユーザーに表示されるサイト側を提供するフレームワークについては、好きな静的サイトジェネレータを選んだり、自分で実装することが可能になっています。

図4.1:「Start With a Template」ページ

使用するテンプレートを決めたら、その下の「deploy to Netlify」をクリックしてみましょう。

この「deploy to Netlify」ボタンは公式が提供しているウィジェットです。今回はこのボタンを押して、遷移先の画面でGitHubの認証を許可・リポジトリー名を決めるだけで、

・テンプレートのリポジトリーを自分のGitHubアカウントに複製
・そのままNetlify上に、このリポジトリーと紐づけた新規サイトを作成
・ビルドコマンド・公開ディレクトリー等々も自動で一気に設定
・そのまま最初のデプロイを実行

というところまであっという間に済ませてくれる優れものです。

図4.2: ボタンを押した先の画面。「Get your Hugo site in 1 min.」と強気だが実際そのくらいしかかからない

　これで晴れて、あなたのはじめてのNetlifyCMSサイトが完成しました。トップページにアクセスすると、デフォルト記事が数件入ったブログ風のサイトが確認できると思います。

4.2.1　ユーザーの作成

　ではさっそく、このCMSを使って記事を投稿してみましょう。そのためにはまず、管理画面用のユーザーを作成し、ログインする必要があります。
　Netlifyではユーザーの管理・認証を行う**Identity**を標準機能として提供しており、NetlifyCMSのユーザー管理もこのIdentityを介して行われます。

図4.3: 「Identity」タブ

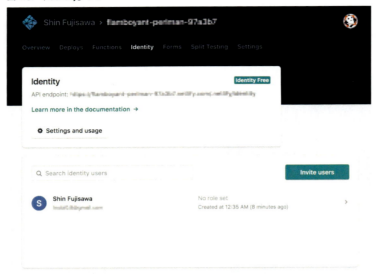

　さきほど作成したサイトの管理画面を開き、Identifyタブに移動してみてください。こちらがIdentify機能を使って作成したユーザーの一覧画面になります。デフォルトではユーザーは1人も作成されていない状態だと思いますので、まずは「Invite users」ボタンからメールアドレスを入力して、自分自身をユーザーとして招待しましょう。

　招待が成功すればメールが届きますので、「Accept the invite」のリンクを踏んで、初期パスワードの入力を済ませれば、ユーザー登録・ログインの完了です。

図4.4: 招待時に届くメールの例

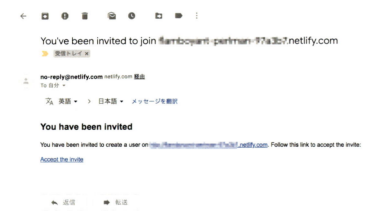

　※テンプレートによっては、自分のユーザーには何もしなくても招待メールが届いている場合もあります。その場合は「Invite users」は不要ですので、メールのリンクからそのまま進んでください。

32　　第4章　CMSをつくる

4.2.2　管理画面の使い方

管理画面にログインができれば、次のような画面になっているはずです。

図 4.5: 管理画面のトップページ

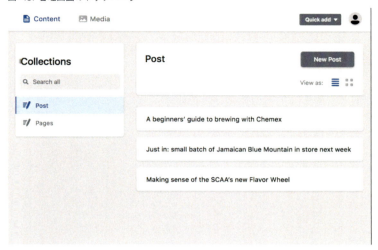

まずはともかく、新しい投稿を追加してみましょう。右上の「New Post」をクリックすれば、新しい「Post」を作成する画面が開きます。

図 4.6: 新規投稿画面

この画面から、記事のタイトル・日付・概要・本文を記述したり、カバー画像を設定したり、それらのプレビューを行ったりすることができます。こちらで記事を編集して、右上の「Publish」ボタンをクリックすれば、めでたく新規投稿が公開されます。ブログやWordPressを使ったことがある方なら、特に違和感なく操作できるのではないでしょうか。

ここで試しに、サイトに紐付いているリポジトリをGitHub上で開いて、コミットログを確認してみてください。あなたのユーザー名義で、身に覚えの無いコミットが見つかると思います。またcodeの方を確認すれば、今しがた行った投稿と同じ内容のファイルが追加されているはずです。

第4章　CMSをつくる　　33

図4.7: 投稿画面での画像アップロード・投稿作成がコミットになっている

さきほど管理画面から投稿を行った裏では、NetlifyCMSがリポジトリ上にファイルをコミットし、それにフックされてNetlify上でのビルドが走り、新しいHTMLが生成・デプロイされていた、というわけです。

4.3 仕組みの全体像を知る

さて、GitHub・Netlify・NetlifyCMSとさすがに登場人物が増えてきて、何がどうなっているのか混乱している方も多いのではないかと思います。ここで一度NetlifyCMSがどのようなフローで記事を更新しているのか解説してみます。投稿画面で「Publish」ボタンを押した瞬間、いったい誰が何をしていたのでしょう。

図4.8: NetlifyCMSの全体像

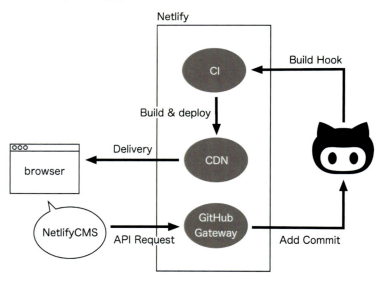

記事の公開ボタンが押されるとまずNetlifyCMSは、Netlify上の**Git Gateway**と呼ばれる仕組み

にAPIリクエストを投げます。このGit Gatewayは、Netlifyが持っているユーザーのGitHub認証情報を、Identityでログインしているユーザーに対して部分的に開放し、API経由でのリポジトリーファイル操作を可能にするものです。

　https://www.netlify.com/docs/git-gateway/

　「？？？」となってしまった方は、ここはまあ深く考えず、「Web APIを使ってGitHub上のファイルを操作できる仕組み」と理解しておいてください。こちらを経由して、NetlifyCMSはリポジトリー上のファイル更新コミットを追加することができます。

　すると次は、GitHubリポジトリーに新しいコミットが追加されたことで、Netlifyのビルド&デプロイのフローが始まります。このときに具体的に行われる処理はテンプレートによって異なりますが、ざっくりといえば

　　1．リポジトリー上で、投稿データが保管されているディレクトリーを参照
　　2．それぞれの投稿データファイルから、投稿の詳細ページHTMLを生成する

ということが起きています。このあとは、ここまでの章で紹介したようなNetlifyの事例とほとんど変わりません。Netlifyはビルドしたファイルをすぐさまデプロイのフローに乗せ、すぐさまサイト二で見られるようにしてくれます。

　以上が、NetlifyCMSの公開ボタンを押してから、実際に記事ページがサイト上で見られるようになるまでの流れです。面白いのは、NetlifyCMSが直接的にやっていることは、管理画面のUI提供とそこからGit Gatewayへのつなぎこみだけで、その他の機能はNetlify自体の標準機能を活用しているだけ、ということです。Netlify自体がいかに多機能で、かゆいところに手が届くサービスかが実感できたのではないでしょうか。

4.4　スクラッチでの構築

　以上の話をふまえ、今度は自作のテンプレートでNetlifyCMSを動かすことにも挑戦してみましょう。
　なお解説するテンプレートの完成形は、こちらのリポジトリーで公開してあるので、うまくいかないとき等に参照してみてください。

・https://github.com/fnobi/simple-cms-system

　また基本的には、公式ドキュメントの「Add to Your Site」の内容をなぞっていくかたちになるので、こちらも併せてご参照ください。

・https://www.netlifycms.org/docs/add-to-your-site/

4.4 1　必要ファイルの用意

　まずはGitHubリポジトリーを新規作成しましょう。続けて、サイトの公開ディレクトリー・管理画面のパスを決めて、index.htmlと設定ファイル・config.ymlを設置します（内容については後述）。公開ディレクトリーが/public・管理画面のパスが/adminであれば、現状次のようなファイル構成になるはずです。

第4章　CMSをつくる　35

リスト4.1: ディレクトリー構成

```
public/
└── admin
     ├── config.yml
     └── index.html
```

index.htmlの内容については、ドキュメントに記載されている次のHTMLをコピー&ペーストでOKです。NetlifyCMSのフロントエンドを動かすためのscriptタグが含まれていることに注目してください。

リスト4.2: index.html

```
 1: <!doctype html>
 2: <html>
 3: <head>
 4:   <meta charset="utf-8" />
 5:   <meta name="viewport" content="width=device-width, initial-scale=1.0" />
 6:   <title>Content Manager</title>
 7: </head>
 8: <body>
 9:   <!-- Include the script that builds the page and powers Netlify CMS -->
10:   <script src="https://unpkg.com/netlify-cms@^2.0.0/dist/netlify-cms.js">
11:   </script>
12: </body>
13: </html>
```

config.ymlについてもいまは詳しく解説しませんので、サンプルリポジトリーの内容をコピー&ペーストしてきてください。このファイルが、CMSの動作時にファイルを設置するディレクトリー・コンテンツ入稿時のフォーマットなど、ほとんどの設定を網羅しています。

・https://github.com/fnobi/simple-cms-system/blob/master/public/admin/config.yml

実は以上で、NetlifyCMSの管理画面を構築するのに必要なファイルは全てになります。簡単ですね！ここまで完了したらGitHubリポジトリーへpushし、さらにリポジトリーに紐づけたNetlifyのサイト新規作成・デプロイまで一度行っておきましょう。

4.4.2　Netlify Identity Widgetの追加

続いて、このCMS管理画面にログインをするための機構をつくるために、ひと手間加える必要があります。Netlify Identity Widgetの追加です。

さきほど、既存テンプレートで作成したCMSの招待を受け取った際、パスワードを入力するモーダルウィンドウが表示されました。これは開発者側で実装したものではなく、Netlify側で提供している公式のウィジェットです。

図4.9: サインアップモーダル

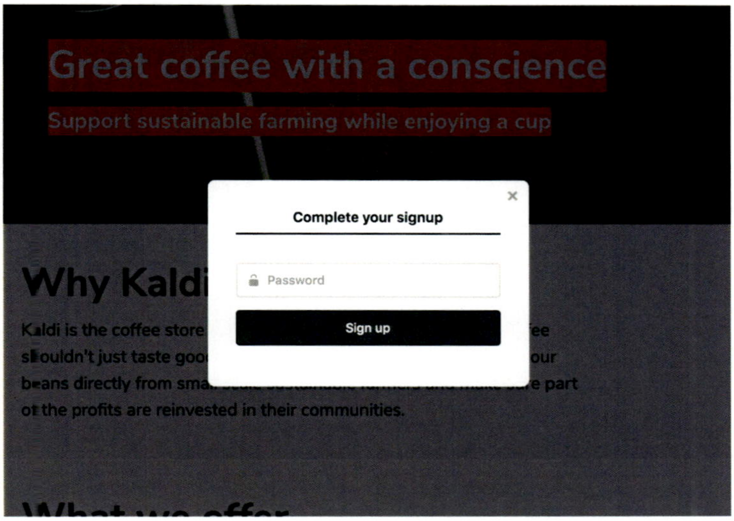

こちらを表示するためには、次のスクリプトタグをHTMLに埋め込む必要があります。

リスト4.3: Netlify Identity Widget

```
<script src="https://identity.netlify.com/v1/netlify-identity-widget.js"></script>
```

招待メールからのリンクであなたのサイトに遷移した際、このスクリプトがそれを判別して、自動でモーダルを表示してくれるようになります。

こちらのスクリプトは、ソースコード上に手動で追加しても問題ありませんが、ビルドの章で紹介したSnippet injectionを活用すると、コードの変更なしにすべてのHTMLに埋め込むことができるので便利です。

図4.10: Settings > Build & deploy > Post processing > Snippet injection

第4章　CMSをつくる　37

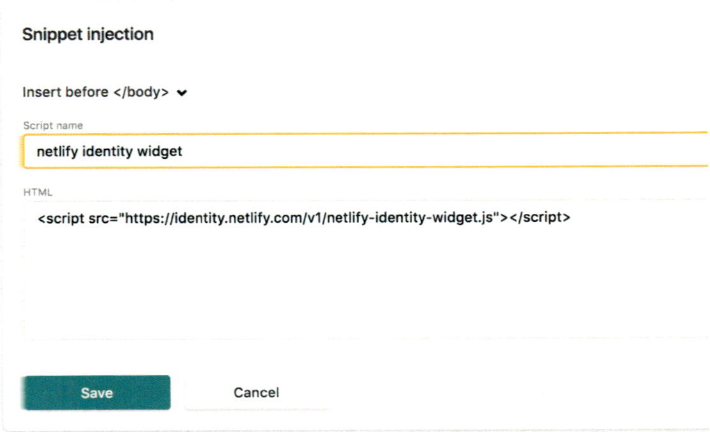

4.4.3 Identity・Git Gatewayの設定

Widgetの準備ができたところで、Identityの設定を行いましょう。ゼロから設定する必要がある分、さきほどよりは少し手順が多くなっています。

・https://www.netlifycms.org/docs/add-to-your-site/#authentication

作業箇所は次の3点です。

・「Identity」タブ

　　―初期状態では機能自体がオフになっているので、まずは「Enable Identity」しましょう

・「Settings」タブ > Identity

　　―「Registration preferences」を「Invite Only」に

　　―初期設定の「Open」のままでも動作はしますが、CMSコンテンツがだれでも編集可能な状態になってしまいますので、多くのケースではそぐわないでしょう

・「Settings」タブ > Services > Git Gateway

　　―「Enable Git gateway」をクリック

　　―これがさきほどの全体像で紹介した「Git Gateway」機能です。クリックするとGitHubの認証画面が開きますので、権限を確認して許可しましょう。

図 4.11: Identity機能を enable

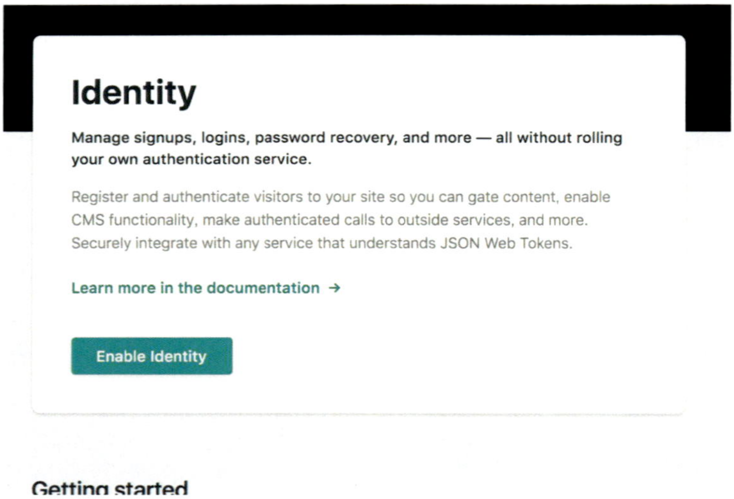

38 │ 第4章 CMSをつくる

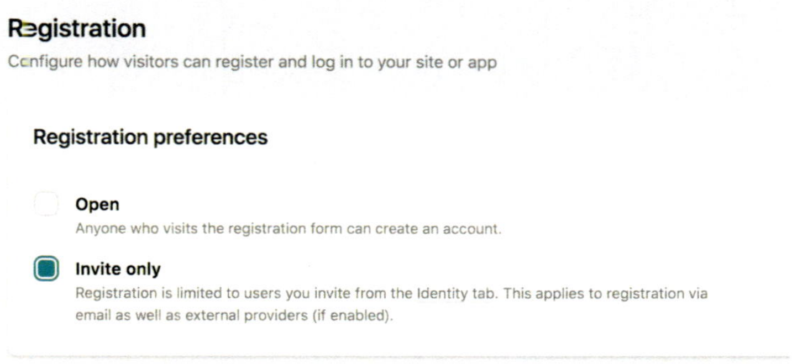

図4.12: ログインできるユーザーを招待ユーザーのみに

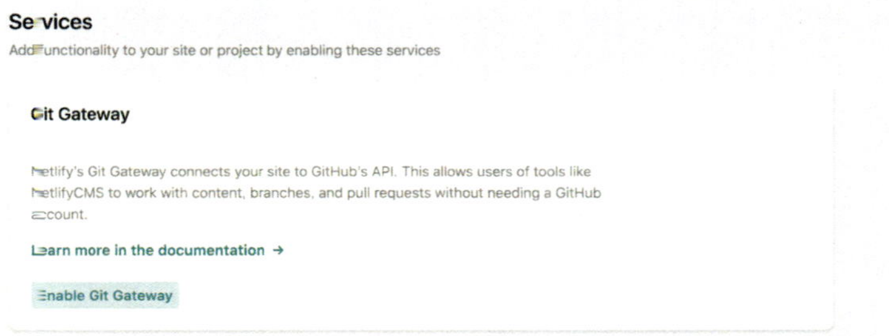

図4.13: Git Gateway機能をONに

これで管理画面側の初期設定は完了です。あとはさきほどと同様、「Identity」タブから自分自身を招待して、メールのリンクを踏めば、ユーザー作成が完了します。管理画面からの記事投稿もできるはずです。

4.4.4 投稿データ→記事詳細HTMLの生成

ここまでの設定がうまく行っていれば、管理画面から投稿を追加すれば、リポジトリーの/posts直下に、記事に対応したjsonファイルが設置されるようになっているはずです。

あとはこのjsonファイルから、ユーザーに返すHTMLを生成する部分、つまりは静的サイトジェネレーターの部分を記述すれば、CMSに求められる機能はひととおり実現できたことになります。

今回の例ではシンプルに、ディレクトリー配下にあるjsonファイルを一覧して、pugテンプレートを使ってHTMLとして生成するスクリプトを書いてみました。

・https://github.com/fnobi/simple-cms-system/blob/master/scripts/build-post.js

リスト4.4: build-post.js

```
1: const path = require('path');
2: const fs = require('mz/fs');
3: const pug = require('pug');
4:
```

```
 5: const SRC = 'src/';
 6: const POSTS = 'posts/';
 7: const DEST = 'public/post/';
 8:
 9: const TEMPLATE_PATH = `${SRC}/pug/post.pug`;
10:
11: Promise.all([
12:   fs.readFile(TEMPLATE_PATH, 'utf8'),
13:   fs.readdir(POSTS) // リポジトリー上で、投稿データが保管されているディレクトリーを参照
14: ]).then(([template, files]) => {
15:   const getHtml = pug.compile(template);
16:
17:   files.forEach((filePath) => {
18:     fs.readFile(`${POSTS}${filePath}`, 'utf8').then((body) => {
19:       // それぞれの投稿データファイルから、投稿の詳細ページHTMLを生成する
20:       const basename = path.basename(filePath, '.json');
21:       const dest = `${DEST}${basename}.html`;
22:       const locals = JSON.parse(body);
23:       const html = getHtml(locals);
24:       fs.writeFile(dest, html, 'utf8');
25:     });
26:   });
27: });
```

コードについて細かくは説明しませんが、前段で説明したとおり、やっていることは

1．リポジトリー上で、投稿データが保管されているディレクトリーを参照

2．それぞれの投稿データファイルから、投稿の詳細ページHTMLを生成する

の2点です。この他に、一覧ページを作成したい・自分の好きなフレームワークを使った記事生成をしたい、という方もこのポイントを押さえてスクリプトを書けば実現可能です。

あとはNetlify側の設定画面から、ビルドコマンドとしてこの処理が行われるようにすれば、設定完了です！管理画面から記事を追加・編集するたびに、このスクリプトがHTMLに反映してくれるはずです。

図4.14: ビルドコマンドの設定

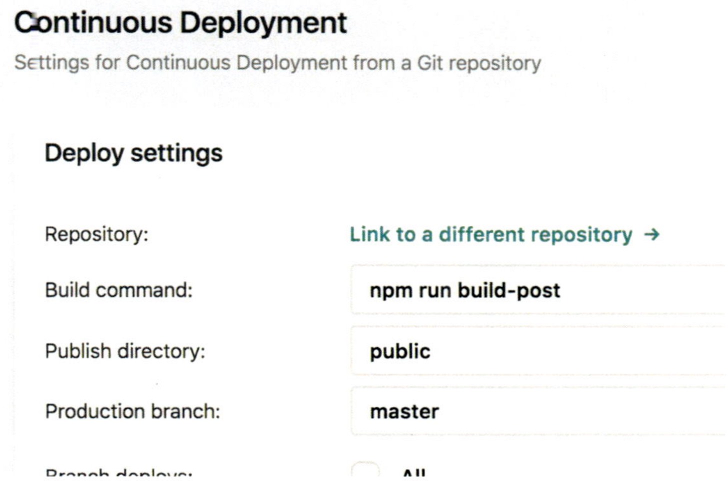

Continuous Deployment
Settings for Continuous Deployment from a Git repository

Deploy settings

Repository:	Link to a different repository →
Build command:	npm run build-post
Publish directory:	public
Production branch:	master
Branch deploys:	All

4.4.5　投稿データ→トップページHTMLの生成

　この処理は、あくまで記事詳細のHTMLのみ生成するものになりますので、トップページ（記事詳細へのリンクが並んでいるページ）は別途処理を追加する必要があります。

　リポジトリー上で投稿データが保管されているディレクトリーを参照し、リンクリストを取得、そのデータからHTMLを生成するという基本的な流れは記事詳細のときと同じです。さきほどのスクリプトを拡張して記述していくのがよいでしょう。サンプルのリポジトリーに、pull requestとして実装例を用意してみましたので、参考にしてみてください。

・https://github.com/fnobi/simple-cms-system/pull/1/

　この他にも、たとえばカテゴリーごとの記事リストをつくる・月ごとの記事アーカイブをつくる、というような場合も同様です。ディレクトリーから取得した記事リストを元に、絞り込みをかけてHTML生成に渡すことで実現できます。

　こうしたカスタムアーカイブページを作成したいとき、WordPressなどの既存CMSを使用する場合に、その仕様によっては実現できないケースもあります。フルスクラッチで構築した場合には完全に自分の理想どおりに実装することも可能ですので、利点のひとつといえるでしょう。

4.5　CMSをもっと便利にする

4.5.1　「下書き」機能

　ここまでの紹介では、記事を保存するけど公開しない＝下書き機能を使用していませんでしたが、これももちろん実現可能です。config.ymlに、次の設定を追加しましょう。

リスト4.5: editorial_workflow

```
publish_mode: editorial_workflow
```

　この機能をONにすることで、記事の作成時にはそのまま公開されず、いったん下書きの状態で保存・その後別のユーザーからのレビューを挟んだ後（GitHub側で同時にPull Requestが作成されています！）、公開するというような運用も可能です。

図4.15: 投稿画面に「Save」ボタンが現れる

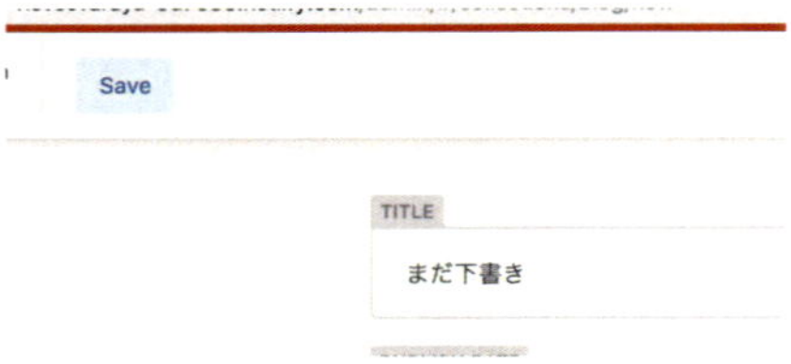

　なおこの機能は内部的には、新規投稿をいきなりデフォルトブランチにコミットするのではなく別のブランチにコミットすることで、「コミットはするが公開はしない」「レビュー後に公開ができる」という状況をつくりだしています。

　さらにビルドの章で触れた「ブランチごと確認用のサイトを作る」手法と組み合わせれば、この下書き状態の投稿についてもPreview Deployの別URLから確認することができますので、最終的な見栄えをプレビューしながら記事制作することも可能です。

4.5.2　投稿内容のカスタマイズ

　この章で紹介したconfig.ymlを使った場合、記事投稿時に入力できるフィールドは、Title / Publish Date / Featured Image / Category / Bodyの5つでしたが、こちらはもちろんカスタマイズ可能です。

・https://www.netlifycms.org/docs/add-to-your-site/#collections

　投稿に含まれる入力フィールドを追加・削除したり、それぞれのフィールドを入力する際に使用するウィジェット（短いテキストボックス・マークダウンが書けるリッチエディター・チェックボックス・プルダウン etc...）も選択することができます。

図4.16: NetlifyCMSに標準搭載されている、入力ウィジェット

またWordPressでいうところの「カスタム投稿タイプ」のように、記事以外のコンテンツも入稿できるよう投稿の種類自体を増やすことも可能です。こちらを使えば、NetlifyCMSの用途はブログのようなサイトだけには限らず、うまく組み合わせればコーポレートサイトやECサイトのようなものも実現可能でしょう。

4.5.3 管理画面ユーザー数の拡張

複数人でCMSサイトの運用を行いたい場合、自分だけでなく他のユーザーもCMSに招待したくなると思います。この際注意なのは、Netlifyの無料プランでは**5人までしか招待ユーザーを作成できない**ことです。それ以上のユーザーを作成したい場合は、「Identity Pro」プランに切り替える必要があります。

図 4.17: Identity Pro プランの詳細

Proプランではその他にも、招待メールの送信元をカスタマイズしたり、ユーザーのアクティビティログを閲覧できるようにしたり、さまざまな機能が追加されます。大規模なサイト構築を計画している方は、ぜひ調べてみてください。

第5章　フォームの設置方法

　この章では、Netlifyに標準機能として用意されているフォーム機能について紹介します。

　この本を読んでいる方の中にも、コーポレートサイトや商品・サービスの紹介LPなど「サイトのほとんどは静的コンテンツなんだけど、どうしても問い合わせフォームだけは必要！」という理由でサーバーサイド環境を必要としている人は多いと思います。

　しかしNetlifyを使えばこの問題も解決可能です。サーバーサイドのコードを一切書くことなく、フォーム機能を実現することができます。順を追って設置方法を説明していきます。

5.1　基本的な設置方法

　フォームの利用については管理画面から特別な設定をする必要がありません。というのも、Netlify指定のアトリビュートが付与されたformタグがデプロイされたサイトに存在していたら自動的にNetlify Formsに変換してくれるからです。

　Netlifyのサンプルをそのままコピーしたものが次のコードになります。formタグに属性として"netlify"が付与されています。

リスト5.1: index.html

```html
 1: <form name="contact" method="POST" netlify>
 2:   <p>
 3:     <label>Your Name: <input type="text" name="name" /></label>
 4:   </p>
 5:   <p>
 6:     <label>Your Email: <input type="email" name="email" /></label>
 7:   </p>
 8:   <p>
 9:     <label>Your Role: <select name="role[]" multiple>
10:         <option value="leader">Leader</option>
11:         <option value="follower">Follower</option>
12:     </select></label>
13:   </p>
14:   <p>
15:     <label>Message: <textarea name="message"></textarea></label>
16:   </p>
17:   <p>
18:     <button type="submit">Send</button>
19:   </p>
20: </form>
```

静的なHTMLにこのコードを挿入してデプロイを行います。フォームの存在が正しく検知されていた場合は管理画面でFormsの部分が次のような「1 form collecting data.」という表記がされているこ思います。

図 5.1: デプロイ成功時のForms設定画面の表記

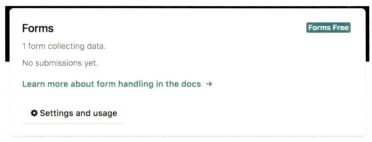

デプロイ完了したのを確認したら、公開されたサイトでフォームの送信を行ってみましょう。reCAPTCHA画面を通して送信完了できたら確認終了です。フォーム送信後の画面のカスタマイズについては後述します。

送信が終わったら管理画面に戻ります。「Active forms」内に「contact」の欄があると思います。こちらは"netlify"を付与したformタグのname属性から自動で名前が設定されています。そちらをタップするとフォームに投稿された一覧が表示されます。

図 5.2: 管理画面での投稿管理

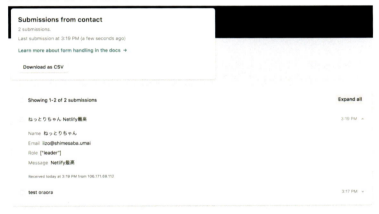

内容を確認する・投稿を削除する以外にも、データをCSVでダウンロードすることもこちらで可能です。

5.2 フォームをカスタマイズ

5.2.1 フォーム投稿後の画面を設定

フォーム送信後の画面は標準ではNetlifyが用意した画面になっています。これでは味気ないため、サンクスページを製作してそこに遷移するように設定しましょう。

thanks.htmlをルートに設置したとして、さきほどのHTML内のformタグへactionを設定します。Formsではactionに設定されたパスにフォーム投稿後に遷移するようになります。また、外部サイトへの遷移はできません。

リスト5.2: index.html

```
1: <form name="contact" action="/thanks.html" method="POST" netlify>
```

5.2.2 ファイルアップロード機能を使ってみる

Netlify Formsではファイルの送信も行えます。input要素にfileを指定すれば画像などもアップロードできます。

アップロードしたファイルは自動でNetlify上のcdnへ移行され、フォームのデータには発行されたcdn上のファイルURLが記録されます。

ファイルアップロードはフォーム投稿と別で容量制限もありますので、もし容量を気にする場合はJavaScriptで投稿制御を行い、サイズを削ってから投稿するようにするといいでしょう。。

5.2.3 静的サイトジェネレータで利用する際の注意点

ビルドの章で扱ったGatsbyなどの静的サイトジェネレータを利用する際にはまた一工夫必要となってきます。"netlify"というアトリビュートとhidden属性でNetlifyが追加するデータを、ビルド時にGatsbyが消してしまうため動作しなくなってしまいます。そのため次のように編集してからビルドさせるようにしましょう。

リスト5.3: index.html

```
1: <form name="contact" method="POST" data-netlify="true">
2:   <input type="hidden" name="form-name" value="contact" />
```

5.2.4 JavaScriptでの送信やSPAでも利用してみる

JavaScriptでのフォームの送信制御を行っている場合や、SPA上でももちろんNetlify Formsは利用できます。公式からチュートリアルブログがReact.js版とVue.js版が出ていますので、それぞれのライブラリーを利用している方はそちらをご覧になるとすんなり導入できると思います。
- Reactでの利用サンプルチュートリアル
   — http://bit.ly/2Ni3fzm
- Vueでの利用サンプルチュートリアル
   — http://bit.ly/2Op34Hl

どの場合においても、POSTでサイトのルートに対して送信を行うとフォームの送信ができます。その際は静的サイトジェネレータで利用する際と同じく form-name要素の設定を行ってください。

46 | 第5章 フォームの設置方法

5.3 メールで問い合わせを受け取る

Settings → Forms に Form notifications があります。ビルドの通知と同じようにこちらで設定すれば、フォームへの投稿もメール等のサービスで受信することができます。

複数フォームを作っていて、フォーム毎に通知を行うかどうかも個別で設定することができます。また、フィルタリング設定を行っている場合は team@netlify.com からのメールを許可しておきましょう。

図 5.3: 通知設定

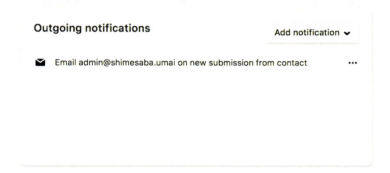

5.4 料金形態について

無料枠では月に 100 回の投稿までで、ファイルアップロード等含めた容量が 10MB までです。2018年 9 月時点での料金形態は次のようになっております。

図 5.4: 料金形態

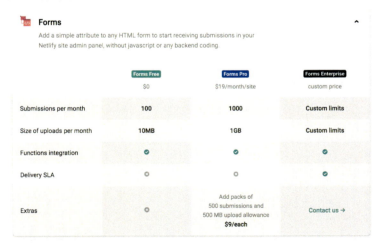

Teamプランとは別な料金となっており、1サイト毎の課金で月$19で1000回（1GB）の投稿までです。それ以降は500回（500MB）追加につき$9です。エンタープライズプランは個別相談となっております。チームプラン等をすでに契約済みで、支払い方法を設定していた場合は自動アップグレード対象となります。

　また、利用状況については管理画面のSettings → Forms で現在の利用回数が見れます。そのままそこからProプランに変更が可能です。

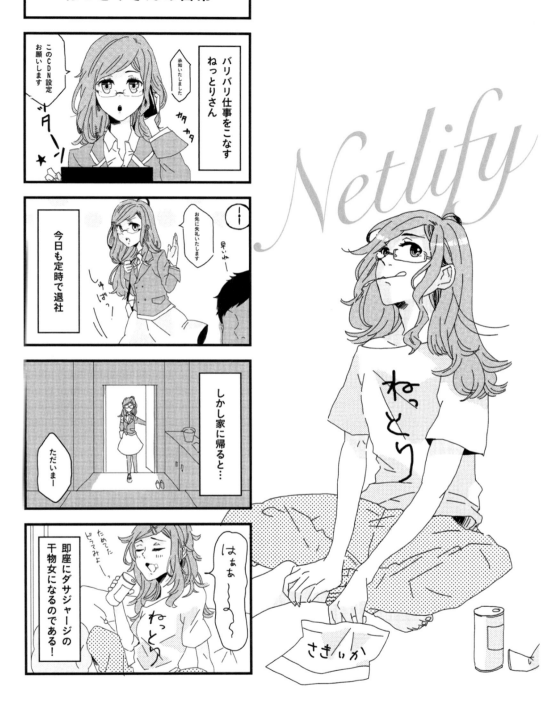

第6章　Split Testing

この節では、**Split Testing**という機能について説明します。

ブログやECサイトを運用していると、バナーの置き換えや応募ボタンの位置を置き換えて、ユーザーの流入がどれくらい変わるのかを測定するようなA/Bテストを実施することがあるかもしれません。

Netlifyが提供しているSplit Testingという機能を用いることで、**GitHubのブランチをベースにしたA/Bテストを導入することができます。**

また、A/Bテストとして使うだけでなく、ランダムなユーザーにまったく違う導線・テーマ違いのサイトを提供することもできます。

なお、この機能は執筆時点では β 版です。

https://www.netlify.com/docs/split-testing/

図6.1: Split Testing 設定画面

6.1　利用手順

早速Split Testing機能を使ってみましょう！

6.1.1　準備

この機能を有効化するために、配信中のブランチとは別にA/Bテストに使用するブランチを最低でもひとつ（計ふたつ）作成しておきましょう。

6.1.2　有効化する

有効化する方法は簡単です。
・管理画面トップから「Split Testing」をクリック
・「Activate Branch Deploys」をクリック

以上で基本の設定は完了です。停止したい場合は、「Stop test」を押せばデフォルトのブランチだけを配信する状態に戻ります。

図 6.2: Split Testing を有効化した状態

6.2 機能

提供している機能については次のとおりです。

- ふたつ以上のブランチにあるリソースをひとつのURLで配信
- 表示割合を調整可能

6.2.1 ふたつ以上のブランチをひとつのURLで配信

SplitTestingでは、ふたつ以上のブランチを同じURLで配信することができます。たとえば、masterとmaster-a、master-bの3つのブランチを同時に配信することができます。

6.2.2 表示割合を調整可能

通常のA/Bテストを行う場合は、「master: 50%」「master-a: 50%」と同じ割合で指定すると思います。Split Testingでは、ブランチごとに配信する割合を調整することが可能です。「Aの商品バナーの売上が芳しくないので、A（=master）の表示割合を上げたい」となった場合に、Netlifyの管理画面から割合を調整するだけで対応することができます。

6.3 注意事項

6.3.1 複数のA/Bテストを複数同時に実行することはできない

Split Testingはひとつしかないため、複数のA/Bテストを複数同時に実行することはできません。もしそうしたい場合は、ひとつのブランチに複数のA/Bテスト対象ユニットの変更を行って実施する必要があります。

しかし、ユーザーごとに配信されるブランチのリソースはひとつです。これではブランチAのサイトを訪問したユーザーはその後ずっとブランチAを閲覧し続けることになり、適切なA/Bテストができているといえなくなる可能性があります。A/Bテストをする際は留意しておいたほうがよいでしょう。

6.3.2 ユーザー情報の保存方法について

ユーザーがどのブランチを見ているかはcookieに保存されています。また、このcookieの有効期限については設定項目として存在しません。そしてこのcookieの有効期限は1年となっており、cookieを消さない限りユーザーは同じブランチを1年見続けることになります。

結果として、同じユーザーが別のブランチを見ることはcookieを消さない限り発生しないことになります。

6.4　ブランチ名をスクリプト側で取得する

A/Bテスト用のブランチを切ったはいいものの、コードを分離させたくないので、「ブランチ名を取得してコンポーネントの表示を切り替えたい」ということがあるかもしれません。

NetlifyのCIによるビルドを実行した際に、特定の関数を実行、あるいは変数と値を置き換えることで、スクリプト側でブランチ名を取得することができます。

Hugo

静的サイトジェネレータのHugoを用いている場合、getenv関数でブランチの情報を取得することができます。

```
{{ getenv "BRANCH" }}
```

React、Vueなどのフレームワーク

ビルドする前提の上記のフレームワークを使っている場合や、Webpackなどのバンドルツールによるビルドを利用している場合、ビルドをNetlifyのCIに任せることで、process.env.BRANCHが現在のブランチ名に置き換わります。

6.5　ブランチごとのデータをGoogle Analyticsに送信する

近年のウェブサイトでは、ほとんどの場合Google Analytics（以下GA）を用いたページビューの解析を行っていると思います。今回解説しているA/Bテストの値も、GAでデータを集計したいと思う人も多いでしょう。NetlifyのSnippet Injectionで埋め込むスクリプト内で'{{BRANCH}}'を入力しておくと、ブランチ名に置き換わります。

Google Analyticsに送信するためのカスタムディメンジョンの設定を行い、次のようなスクリプトをSnippet Injectionで埋め込むことで取得することができます。

リスト6.1: Google Analyticsで設定したカスタムディメンションにブランチ名を渡したい時

```
1: <script>
2:   gtag('send', 'dimension1', '{{BRANCH}}')
3: </script>
```

リスト6.2: Google Tag Manager のカスタムイベントに値を配信する場合

```
1: <script>
2:   window.dataLayer = window.dataLayer || [];
3:   window.dataLayer.push({
4:     event: 'analytics',
5:     eventCategory: 'dimension1',
6:     eventAction: '{{BRANCH}}'
7:   });
8: </script>
```

　クリックイベントに関しては、フレームワーク内でprocess.env.BRANCHでクリックイベントを分岐させる方法やブランチごとに違うクラスのついたボタンにし、Google Tag Managerでクリックイベントの配信を行う方法などがあります。

第6章　Split Testing　53

第7章 Functions（AWS Lambda on Netlify）

　ここまで本書を読んできた方なら、Netlifyを使えば静的サイトを非常に素早く構築することができることと、CIや拡張機能を使うことで、一部動的な機能をもつサイトでも構築することが可能だということが分かってもらえたかと思います。

　本章では、完全に動的な機能・サーバーサイドで動作するコードをサイトに組み込むことができるFunctions機能を紹介します。

図7.1: Functions設定画面

　とはいえ、静的コンテンツがメインになるサイトでありがちなCMS・formなどの機能については、ここまでの章で紹介したとおりです。動的な機能が中心になるWebアプリケーションであれば、そもそも別のフレームワーク等を用いる方がスムーズでしょう。そのため、Functionsが必要になるケースはあくまで補助的なものに限定されると考えられます。

　しかし、補助的にサーバーサイドのコードが使えるだけで、大きく世界が広がることも事実です。是非あなたのアイデアで活用してみてください。

7.1 概要

　このFunctions機能は、簡単にいうとAWS Lambda FunctionsをラップしてNetlifyでも使えるようにした機能です。**AWSアカウントの設定はまったく必要ありません**。また、無料枠で収まるアクセス料であれば、**クレジットカードも必要ありません**。

　執筆時点では、関数のリクエスト数月125,000回、100時間までの稼働時間が無料で確保されています。それ以上は、利用状況に応じて課金する仕組みになります。

7.1.1 言語について

　執筆時点で使用できる言語は、Node.js（v8.10）とGo（v1.10）の2種類です。今回はNode.jsを使用して説明します。

7.2 準備

まずは、Functionsに使うコードを配置するディレクトリを指定します。「Edit settings」を選択して該当ディレクトリ名を入力して「Save」で完了です。ディレクトリのルートはリポジトリのルートになります。

特にこだわりがない場合は、./functionsにしておきましょう。

7.3 まずは、Hello World

ということで、まずは公式にも載っている簡単なHello Worldを呼び出してみましょう。

./functions/hello.jsを作成します。

./functions/hello.js
```
1: exports.handler = (event, context, callback) => {
2:   callback(null, {
3:     statusCode: 200,
4:     body: "Hello World!",
5:   })
6: }
```

このコードを保存した後に、Netlifyにアップしてみましょう。

```
# ブランチ操作などはお好みで
$ git add ./functions/hello.js
$ git commit -m 'add hello.js'
$ git push
```

デプロイが終わったのを確認したら、https://<your-site-domain>/.netlify/functions/helloにアクセスしてみましょう。次のように表示されていればHello World成功です！（URLはみせられないよ！）

図7.2: Hello World!

Hello World!

7.3.1 命名規則について

今回の場合、hello.js→.netlify/functions/helloとなったように、リポジトリの./functions/ディレクトリに配置したファイル名が、そのままURLとして利用されます。

また、Netlify Functionsのエンドポイントは、/.netlify/functions/になるのでご注意ください。

7.3.2 ハンドラー関数の引数について

ハンドラー関数が呼び出されるときに受け取ることのできる引数は3つあります。
・event: ハンドラー関数を呼び出したときの情報。メソッド名やパスなど
・context: 実行中の関数のランタイム情報。
・callback: 関数の実行完了を示すコールバック関数。リクエスト情報を引数に指定できる。
より詳しい情報を知りたい方は、AWS Lambdaのプログラミングモデルの項目を参照ください。
https://docs.aws.amazon.com/ja_jp/lambda/latest/dg/programming-model.html

7.4 使用例

AWS lambdaを使ったことがない人にとっては、Functionsの用途がいまいちピンとこないと思います。今回は、Functionsを使った作例をふたつ載せていますので、こちらを参考にFunctionsを触ってみてください。

7.4.1 NGワード検出APIを作る

NGワードは、サービスによってさまざまなものがあるとともに、できるだけ外部に公開したくない情報として扱われることが多いです。静的サイトとして制作している途中に「NGワードを外部から見られないようにしてバリデーション機能をつけてほしいです」というようなニッチな要望も叶えることができます。

この例は簡易的なので直接変数にNGワードを入れてしまってますが、実際にはDBなどから参照するのが一般的だと思います。

validate.js

```
 1: // NGワード
 2: const words = [ "しめ鯖", "シメサバ", "〆鯖", "シメ鯖" ]
 3:
 4: const headers = {
 5:   "Content-Type": "application/json;charset=UTF-8"
 6: }
 7:
 8: exports.handler = ({httpMethod, queryStringParameters}, context, callback) =>
{
 9:
10:   if(httpMethod !== "GET") {
11:     callback(null, {
12:       statusCode: 405,
13:       body: JSON.stringify({
```

56 | 第7章 Functions（AWS Lambda on Netlify）

```
14:        message: "Method Not Allowed"
15:      }),
16:      headers,
17:    })
18:    return
19:  }
20:
21:  const { word } = queryStringParameters
22:
23:  if(!word) {
24:    callback(null, {
25:      statusCode: 400,
26:      body: JSON.stringify({
27:        message: "'word'クエリは必須です。",
28:      }),
29:      headers,
30:    })
31:    return
32:  }
33:
34:  if(words.includes(word)) {
35:    callback(null, {
36:      statusCode: 401,
37:      body: JSON.stringify({
38:        message: '${word}には不適切な単語が含まれています。',
39:      }),
40:      headers,
41:    })
42:    return
43:  }
44:
45:  callback(null, {
46:    statusCode: 200,
47:    body: JSON.stringify({
48:      message: '${word}は適切な入力です。',
49:    }),
50:    headers
51:  })
52: }
```

7.4.2 パスを切ってFunctionsを実行し、動的コンテンツを配信する

Functionsは、作成したソースコードに該当するパスよりも下層のパスへアクセスした場合、アクセスしたパスにもっとも近い階層のハンドラが呼び出されるようになっています。パスの情報は、第1引数eventのpathに格納されています。

これを用いることでユーザーや入力情報をもとに、HTMLファイルを出し分けするFunctionsを書くことができます。

ただし、CDNなどのキャッシュは設定できないため、アクセスが発生するたびにハンドラー関数が実行されてしまいますのでご注意ください。

share.js

```
 1: const headers = {
 2:   "Content-Type": "text/html;charset=UTF-8"
 3: }
 4:
 5: const template = ({name, title}) => `
 6: <!DOCTYPE html>
 7: <html>
 8: <head>
 9:   <title>${title || ("hello " + name)}</title>
10: </head>
11: <body>
12: <h1>hello ${name}!</h1>
13: </body>
14: </html>
15: `
16:
17: exports.handler = ({httpMethod, path}, context, callback) => {
18:
19:   if(httpMethod !== "GET") {
20:     callback(null, {
21:       statusCode: 405,
22:       body: "<h1>Method Not Allowed</h1>",
23:       headers,
24:     })
25:     return
26:   }
27:
28:   // /share/:name に該当しないURLを弾く
29:   const paths = path.match(/([^\/.]+)/g, "")
30:   const name = paths[paths.indexOf("share") + 1]
```

58 | 第7章 Functions（AWS Lambda on Netlify）

```
31:    if(name == null || paths[paths.indexOf("share") + 2]) {
32:      callback(null, {
33:        statusCode: 404,
34:        body: "<h1>Page Not Found.</h1>",
35:        headers,
36:      })
37:      return
38:    }
39:
40:    callback(null, {
41:      statusCode: 200,
42:      body: template({ name }),
43:      headers,
44:    })
45:  }
```

実際にNetlifyへアップしてウェブブラウザーで確認してみましょう。`https://<your-site-domain>/.netlify/functions/share/shimesabuzz`では、このように表示されます。

図7.3: 実際に表示されるHTML

7.5 netlify-lambdaを活用する

Netlifyは、functionsをさらに便利に開発するためのヘルパーライブラリーを用意しています。それがnetlify-lambdaです。こちらをインストールすることで、ローカルでの動作確認・モジュールバンドラー(Webpack)の導入など、強力に開発をサポートしてもらえるので、ぜひ使ってみましょう。

7.5.1 netlify-lambdaでfunctionsのビルド

まずはプロジェクトルートでnpm installしていきましょう。

```
$ npm install --save-dev netlify-lambda
```

netlify-lambdaを使った開発環境では、Webpackによるモジュールバンドル・babelによるトランスコンパイルが前提になります。このため、直接エンジニアが編集するソースコードと実際Netlify上で実行されるJavaScriptコードを分ける必要があり、ディレクトリー構成的にも別の場所に配置

しなければなりません。

　今回は編集するソースコードを./assets/functionsに、実行されるコードをこれまでどおり
./functionsに配置することにします。

```
# もともとのfunctionsを./assets/functionsに移動
$ mkdir assets
$ git mv ./functions ./assets/functions
```

　また、このディレクトリー構成をnetlify-lambdaから読み取れるよう設定ファイルにも記述して
おく必要があるので、netlify.tomlという設定ファイルを編集します。リダイレクト設定などの記
述のためにすでにファイルがある場合は追記します。

netlify.toml
```
[build]
  functions="./functions"
```

　設定が完了したら、さっそくnetlify-lambdaによるビルドを1度実行してみましょう。プロジェク
トにnpm installしたnpmモジュールのコマンドラインツールを呼び出す関係で、npxというツール
を介してnetlify-lambdaを実行します。

```
# ./assets/functions 以下にあるスクリプトをビルドして書き出す
# (netlify.tomlの設定に従って、書き出し先は./functions)
$ npx netlify-lambda build ./assets/functions
```

　上手くいっていれば、改めて./functions以下にjsファイルが生成されているはずです。初期設
定では、元のソースにminifyが掛かったjsになっていると思います。

　なお実際のプロジェクトで利用する場合は、ビルド元のソースなど固定になると思いますので、
都度コマンドラインから引数を渡すより、まとめてnpm scriptsに追加しておくと便利でしょう（こ
の場合も、グローバルではなくプロジェクトにインストールされたnetlify-lambdaが使用されます）。

package.json
```
{
  "scripts": {
    "build:lambda": "netlify-lambda build ./assets/functions",
    "serve:lambda": "netlify-lambda serve ./assets/functions"
  }
}
```

7.5.2　ローカルでの動作確認

netlify-lambdaを使うと、開発中の動作を確認するためのローカル環境を簡単に立ち上げることができます。先ほど登録したnpm scriptsを介して、`netlify-lambda serve`を呼び出してみましょう。

```
$ npm run serve:lambda
```

実行することで、ローカルでHTTPサーバー（デフォルトでは9000番ポート）が起動します。`./assets/functions/hello.js`は`http://localhost:9000/hello`にアクセスすることでプレビュー可能です。

さらに、HTTPサーバーの起動と同時にソースのwatch・自動ビルドも開始されます。このコマンドを実行したままコーディングを続ければ、随時最新の状態をローカルで実行することができます。

ちなみに、ディレクトリー構成を分けないまま（watchするディレクトリーと書き出し先が同じまま）`netlify-lambda serve`を実行してしまうと、watchと自動ビルドによるファイル更新が**無限ループになってしまいます**ので注意してください。

7.5.3　npmモジュールを利用する

この環境を整えれば、functionsの中で外部npmモジュールを利用することもできるようになっています。netlify-lambdaが内包しているWebpackの中で、npmモジュールの依存を解決し、ひとつのファイルにバンドルした状態で`./functions`以下に書き出してくれる仕組みです。さまざまなモジュールを活用して、効率的にlambda開発を進めましょう。

uuid.js

```
 1: // uuidモジュールを用いて、uuidを生成して返すサンプル
 2: // ※「npm install --save-dev uuid」が必要です
 3: const uuidv1 = require('uuid/v1');
 4:
 5: exports.handler = (event, context, callback) => {
 6:   callback(null, {
 7:     statusCode: 200,
 8:     body: uuidv1()
 9:   });
10: }
```

7.5.4　TypeScriptを使う

netlify-lambdaには、トランスコンパイラ：babelも内包されています。ビルド時に最新のECMAScriptで記述したコードを互換性のあるjsコードに変換したり、TypeScript等のaltJSで記述したコードをjsに変換したり、といったことも可能です。

第7章　Functions（AWS Lambda on Netlify）　｜　61

今回は、TypeScriptでfunctionsを記述するための設定について解説します。

https://github.com/netlify/netlify-lambda#use-with-typescript

まずはbabelでTypeScriptをトランスコンパイルするために必要なnpmモジュールをインストールします。

```
npm install --save-dev @babel/preset-typescript
```

さらに、babelでのトランスコンパイルの詳細を設定するファイル、.babelrcも次の内容で用意します。

.babelrc

```
{
  "presets": [
    "@babel/preset-typescript",
    "@babel/preset-env"
  ],
  "plugins": [
    "@babel/plugin-proposal-class-properties",
    "@babel/plugin-transform-object-assign",
    "@babel/plugin-proposal-object-rest-spread"
  ]
}
```

設定はなんとこれだけで完了です。あとは./assets/functionsに設置していたjsファイルの、拡張子を.tsに変更すれば、TypeScriptでの開発を開始できます。

uuid.ts

```
 1: // TypeScriptに書き換えた、uuid生成サンプル
 2: import { APIGatewayProxyEvent, Context, Callback } from 'aws-lambda';
 3: import uuidv1 from 'uuid/v1';
 4:
 5: exports.handler = (event: APIGatewayProxyEvent, context: Context, callback:
Callback) => {
 6:   callback(null, {
 7:     statusCode: 200,
 8:     body: uuidv1(),
 9:   })
10: }
```

なお、TypeScriptによる型推論の恩恵を最大限受けるためには、使用しているモジュールの型定義ファイルについてもnpm installすることをお勧めします。

```
npm install --save-dev @types/aws-lambda @types/uuid
```

第8章 Prerendering機能を試す

　近年のSNSの普及に伴って、SEO対策というよりも、TwitterやFacebookでの表示を気にすることが多くなってきているように感じます。一方で、技術的流行となっているVueやReactなどでシングルページアプリケーションとして実装しているウェブサイトでは、meta情報の更新をJavaScript上でのみしか行えません。これにより、ひとつのサイトでひとつのOGタグしか表示することができないことが多いです。

　Netlifyではこの課題を解決してくれる、Prerenderingという機能を提供しています。これを有効にすることで、JavaScriptで設定したmetaタグ、Open Graphの設定も、TwitterやFacebookなどのSNSで表示されるようになります。

　（ただし、執筆時点ではβ版となっておりますのでご注意ください。）

　https://www.netlify.com/docs/prerendering/

図8.1: Prerendering 設定画面

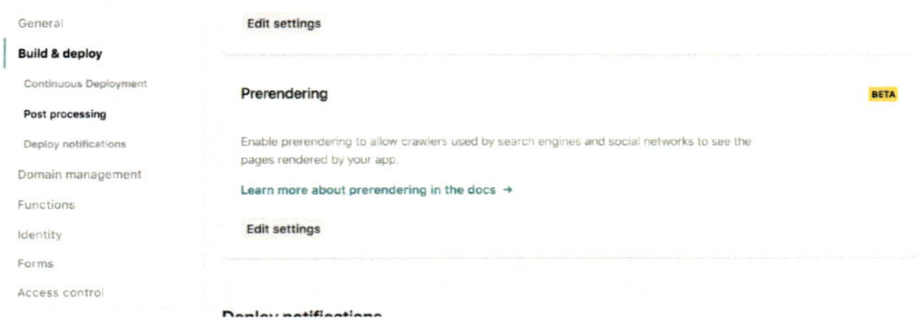

8.1 設定方法

Prerenderingの設定方法はとても簡単です。

・Settings -> Post processing -> Prerenderingの「Edit Setting」
・「Enable Prerendering with Netlify」にチェックを付け、「Save」
・「Prerendering enabled with Netlify」と表示されていれば設定完了です。

実際に確認するには、Twitterや、Facebookのバリデーションツールを用いて確認してみましょう。

図8.2: 設定完了時の表示

8.2 仕組み

NetlifyのPrerendering機能は、prerender.ioという、クローラーボット用のキャッシュファイルを生成するモジュールをフォークして作られています。これは、Googleが提唱していたAJAX Crawlingというクローラーの標準機能に基づいて開発されています（現在ではDeprecatedとなっていますので、今後の動向に気をつけましょう。）。

Prerendering機能を有効にすると、有効にした時点でのHTMLファイルがCDNサーバーにキャッシュされます。内部ではヘッドレスブラウザーを用いてウェブページをレンダリングしているので、JavaScriptが実行された状態のHTMLファイルがキャッシュされます。

図8.3: Netlify側でキャッシュファイルを生成

Netlifyで使用されているCDNサーバーの方で、クローラーボットの回遊を検知し、キャッシュしているファイルをクローラーボットに返すという構造です。

図8.4: クローラーボットとユーザーで配信するファイルを切り替える

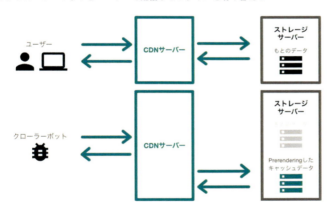

8.3 注意事項

8.3.1 Prerenderingの更新タイミングを設定できない

このPrerenderingのキャッシュは、デプロイされたら即更新されるわけではなく、1日~2日かかると言及されています。執筆時点では設定を変更することもできませんでした。

8.3.2　設定を完全に終わらせてから有効にするべき

　Prerenderingを有効にする前に、headの情報が正しく表示されているかを事前に確認しましょう。具体的には、Google Chromeなどのブラウザーの開発者ツールから、JavaScriptで書き換わった状態のmetaタグを確認するのがいいと思います。更新タイミングを設定できないため、正しく表示されてないまま有効化すると、1日~2日ほど変更が反映されなくなってしまいます。

8.4　Prerenderingされていない時は

　Twitterや、Facebookのバリデーションツールを用いて確認しても正しく表示されない場合は、fragment metaタグを設定してみましょう。

- キャッシュしたいすべてのページに`<meta name="fragment" content="!">`を`<head>`内に配置します
- もしハッシュURL(#から始まるURL構造)を用いているのであれば、#!で始まるように設定します。
- NetlifyのPrerendering機能を有効にします。

　もしこの設定を行ってもダメなら、prerender.ioでの推奨しているグローバルプロパティーのprerenderReadyのtrue/falseを変更してみましょう。

　https://prerender.io/documentation/best-practices

　次はNuxt.jsを使った例になります。`process.browser`は、Nuxt.jsがクライアントブラウザーで実行されているかを判定するために記述しています。

Nuxt.jsでの例

```
 1:   beforeCreate: function() {
 2:     if (process.browser) {
 3:       window.prerenderReady = false;
 4:     }
 5:   },
 6:   created: function() {
 7:     if (process.browser) {
 8:       window.prerenderReady = true;
 9:     }
10:   },
```

8.5　別のPrerenderingサービスを利用したい

　Netlifyは公式で外部のPrerenderingサービスも利用できます。利用したい場合は、NetlifyチームにAPI tokenなど必要な情報を送ることで、Netlify開発チーム側が設定してくれるそうです。

　詳しくは公式のリンクを参照ください。

https://www.netlify.com/docs/prerendering/#setting-up-prerendering

第9章　チーム機能や有料プランでできること

　Netlifyの有料プランの種類と料金は2018年9月現在では次のようになっています。

図9.1: チームプラン一覧

　この章では「Team Pro」と「Team Business」の有料のチームプランに契約時に追加でできるようになることについて触れていきたいと思います。
　特に業務で利用する際に必要とされてるようなアクセスコントロールは基本的に有料プラン契約時にしか利用できません。

9.1　チームのユーザー毎に役割を設定する

　「Team Pro」プランではでは「Owner」と「Collaborator」というふたつのroleが用意されています。基本的には管理者（Owner）と一般ユーザー（Collaborator）という扱いです。
　さらに「Team Business」では「Billing admin」というroleの他に、さらに自由に役割を設定することができます。特定のページは管理者の閲覧のみで、Collaboratorの役割をさらに細分化したい場合などに利用できます。
　実際のアクセスコントロール方法について進めていきます。

9.2　特定のユーザーのみにアクセスを許可する

9.2.1　サイトにパスワードを設定する

　有料プラン契約時にはサイトにパスワードをかけてアクセスを制限することができます。
　チームで管理しているサイトの管理画面 → Setting の Acsess Control から Password / JWT secret でサイト全体にパスワードをかけたアクセス制限が可能です。
　「Set passsword」を押してパスワードを打つだけで制限が可能です。解除時には「Edit password」でパスワード入力欄を空にしてSaveすると解除できます。

図 9.2: パスワード設定時のアクセス時の画面

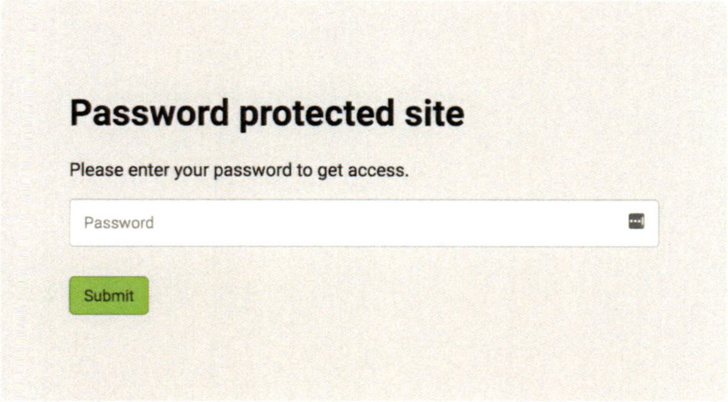

9.2.2 サイトにBASIC 認証を追加する

Netlifyではサイト配信する際に配信フォルダーに _headers というファイルを配置しておくことで配信時のheaderを変更することができます。その際BASIC 認証については有料プランでしか行なえません。

例として、_headers へ次の記述を追加することで ユーザー：shimesaba パスワード：saiko という認証が可能です。

リスト 9.1: _headers
```
Basic-Auth: shimesabase:saiko
```

また、複数のユーザーを用意したい場合はスペースを開けて続けて記述します。

リスト 9.2: _headers
```
Basic-Auth: shimesabase:saiko engawa:umai
```

9.2.3 JSON Web トークンを用いてアクセス制限をする

Businessプラン契約時にはさらにJSON Web トークン（以降JWT）を用いた認証を行うことが可能になります。

この機能によって、さきほどのroleを複数用意できることを利用してページ毎にアクセス制限をかけることが可能になります。

JWT を発行できる JavaScript SDK として NetlifyCMSの章でも利用したNetlify Identity Widgetを利用します。こちらを利用してデプロイしたサイト上でログイン管理が可能になります。

NetlifyCMS 利用時と同じようにスクリプトタグをHTMLに埋め込みます。さらにFormsのように特定のアトリビュートをつけたタグをHTMLに記載しておくと、Netlifyへのデプロイ時に自動で

第9章　チーム機能や有料プランでできること　69

機能のついたタグへ変換してくれる機能があります。例として次のように記述するとNetlify上のアカウントでログインするボタンとして機能します。

リスト9.3: index.html

```
<div data-netlify-identity-button>Login with Netlify Identity</div>
```

netlify-identity-widgetを利用してログインを行った状態でのみアクセスを許可するページの設定については、_redirects ファイルを編集することで可能になります。こちらも_headersと同じように配信フォルダーに格納しておくことでリダイレクトの設定ができるようになる設定ファイルです。

そこに次のような記述を追加することで、adminとeditorというroleの場合のみ /admin/ を閲覧できる設定が可能です。

リスト9.4: _redirects

```
/admin/*        200!     Role=admin,editor
```

9.3　有料プランになるとできること

アクセスコントロール以外には有料プランになるとできることは「Audit logs」として、Split Testingの設定変更などのログが一覧できます。

また、無料プランではネットワーク転送量・容量制限がされており、

・ネットワーク転送量：100GB/月

・容量：100GB

・APIリクエスト：500リクエスト/分

という設定が有料プランになると次のようになります。

・ネットワーク転送量：1TB/月

・容量：1TB

・APIリクエスト：500リクエスト/分　（変更なし）

さらにこれを超えるような場合には個別でのEnterpriseプランでの契約になると思われます。

あとがき

最後まで読んでいただきありがとうございます。

ゼロから始めるNetlifyはいかがでしたでしょうか？本書を読むことでNetlifyを使いこなし、みなさんの日々の業務や個人開発の効率がアップすれば幸いです。

Netlifyを使ったことがなかった方も、便利な機能が沢山あったことに気づいていただけたでしょうか。

ぜひこれからも進化するNetlifyを使いこなして素敵なエンジニアライフを送ってください！

サポート・正誤表

本書の正誤表などの情報は、次のURLで公開しています。

https://github.com/shimesabuzz/netlifybook-support

他にもお気づきのことがございましたら、こちらのフォームからご連絡ください。

https://form.run/@shimesabuzz

著者紹介

渡邊 達明（わたなべ たつあき）

株式会社クリモ取締役副社長。1988年宮城県生まれ。仙台高専専攻科を卒業後、富士通株式会社にてWindowsOSのカスタマイズ業務に従事する。
その後面白法人カヤックにて受託開発部門を経験後、ブロガーの妻と二人で株式会社クリモを設立。WebフロントエンドやReact Nativeの受託開発や保育園問題の解決のためのメディアを運営。
「三度の飯よりものづくり」と言っていたらBMIが17になり健康診断で毎回ひっかかるのが悩み。一番好きな寿司ネタは「えんがわ」。
twitter: @nabettu
blog: http://blog.nabettu.com/

藤澤 伸（ふじさわ しん）

面白法人カヤック・クライアントワーク事業部技術部統括。1990年生まれ。慶應義塾大学SFCにてプログラミング・デザイン・作曲等々を学んだ後、新卒でカヤックに入社。
主には受託開発部門のフロントエンドエンジニアとして、時にはテクニカルディレクターとして、時にはサウンドクリエイターとして、時にはアイドルプロデューサーとして働く。
一番好きな寿司ネタは「えんがわ」。
twitter: @fnobi
blog: http://fnobi.com/

姫野 佑介（ひめの ゆうすけ）

面白法人カヤックのWebエンジニア。1993年生まれ。カヤックに新卒で入社。フロントエンドエンジニアを主軸としながらバックエンドエンジニアにまで幅を広げて受託開発部門で働く。
大体ネックウォーマーを着用している。好きな寿司ネタは「サーモン」。
twitter: @_hyme_
blog: https://hyme.site/

◎本書スタッフ
アートディレクター/装丁：岡田章志＋GY
編集協力：飯嶋玲子
デジタル編集：栗原 翔

〈表紙イラスト〉
高野 佑里（たかの ゆり）
嵐のごとくやって来た爆裂カンフーガール。本業はGraphicとWebのデザイナー。クライアントと一緒に作っていくイラスト、デザインが得意。FirebaseやNetlifyなど人様のwebサービスを勝手に擬人化しがち。Twitter：@mazenda_mojya

技術の泉シリーズ・刊行によせて
技術者の知見のアウトプットである技術同人誌は、急速に認知度を高めています。インプレスR&Dは国内最大級の即売会「技術書典」（https://techbookfest.org/）で頒布された技術同人誌を底本とした商業書籍を2016年より刊行し、これらを中心とした『技術書典シリーズ』を展開してきました。2019年4月、より幅広い技術同人誌を対象とし、最新の知見を発信するために『技術の泉シリーズ』へリニューアルしました。今後は「技術書典」をはじめとした各種即売会や、勉強会・LT会などで頒布された技術同人誌を底本とした商業書籍を刊行し、技術同人誌の普及と発展に貢献することを目指します。エンジニアの"知の結晶"である技術同人誌の世界に、より多くの方が触れていただくきっかけになれば幸いです。

株式会社インプレスR&D
技術の泉シリーズ 編集長 山城 敬

●お断り
掲載したURLは2019年6月1日現在のものです。サイトの都合で変更されることがあります。また、電子版ではURLにハイパーリンクを設定していますが、端末やビューアー、リンク先のファイルタイプによっては表示されないことがあります。あらかじめご了承ください。

●本書の内容についてのお問い合わせ先

株式会社インプレスR&D　メール窓口

np-info@impress.co.jp

件名に「『本書名』問い合わせ係」と明記してお送りください。

電話やFAX、郵便でのご質問にはお答えできません。返信までには、しばらくお時間をいただく場合があります。

なお、本書の範囲を超えるご質問にはお答えしかねますので、あらかじめご了承ください。

また、本書の内容についてはNextPublishingオフィシャルWebサイトにて情報を公開しております。

https://nextpublishing.jp/